LES EAUX

LES EAUX

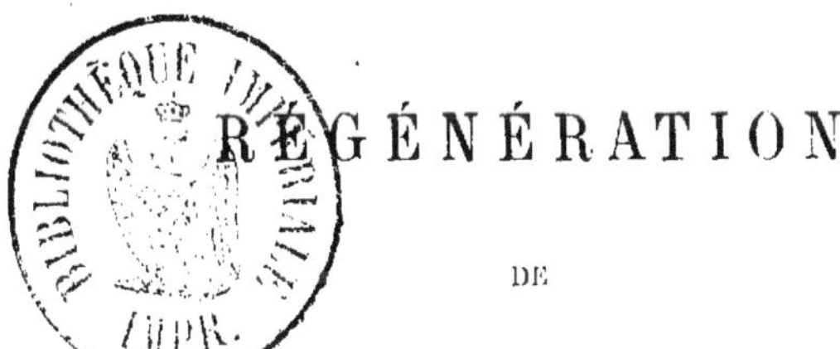

RÉGÉNÉRATION

DE

L'AGRICULTURE ET DE L'INDUSTRIE

FRANÇAISES

PAR S.-C. VALNY

1866

PREMIÈRE PARTIE

SITUATION ÉCONOMIQUE DE LA FRANCE

CHAPITRE I

LE PROGRÈS

Nous sommes à une époque féconde. Le XIXe siècle a rompu avec l'allure lente de ses devanciers : partout se manifestent le mouvement, la vie. Chaque jour amène une découverte, un projet utile ; le temps se consume, pour les esprits investigateurs, en une ardente et fiévreuse activité. Le sentiment et la recherche du mieux ont prévalu sur les idées d'un optimisme trop exclusif ; l'intelligence des intérêts a brisé peu à peu les derniers langes où elle était demeurée resserrée pour le plus grand nombre. Le rayonnement du progrès est immense.

Aussi, voyez de toutes parts : quels merveilleux enfantements dus à la série des faits économiques contemporains !

Nous n'avons pas, ici, à nous occuper de faits d'un ordre différent ; ceux-là touchent à tous les autres.

Et qu'on ne nous accuse pas de matérialisme pour l'étroitesse apparente du cadre de notre étude. Nous avons une conviction profonde : c'est que le bien ou le *mieux-être* de chaque individu est la première base du bonheur général, et, par voie de conséquence, que les peuples les plus heureux sont aussi les plus éclairés et les plus moraux.

Ceci dit, revenons aux progrès économiques.

Dans la vaste arène où s'agitent les intérêts des nations, la guerre a pris une physionomie nouvelle : tout y est préparé pour consommer, le plus rapidement possible, ces grandes collisions dont le résultat fatal doit être la victoire ou la défaite. La guerre n'avait jamais exigé un attirail aussi formidable. L'art de l'attaque n'a d'égal que l'art de la défense ; des deux côtés, même puissance de résistance et de destruction. Terrible nécessité qui, même abstraction faite des conséquences politiques, n'est pas sans avoir une redoutable importance ; mais aussi, disons-le, consolation rassurante. L'excès tue toutes choses ; l'accumulation des moyens de guerre n'est-elle pas en voie de détruire la guerre ?

De nos jours seulement, cette perspective sereine a pu être entrevue dans les éventualités de l'avenir. Les idées de paix l'emportent déjà dans les conseils des souverains. Notre siècle a le premier osé parler de paix universelle ; ce pourrait bien être l'un de ses titres les plus glorieux aux yeux de la postérité. La paix universelle ; chimère ! dira-t-on. Qui sait ? Comme l'a proclamé une parole auguste, l'utopie de la veille ne devient-elle pas souvent la vérité du lendemain ? Rien ne dispose à la concorde, à l'union comme l'échange de bons rapports. Il en est des peuples comme des individus. Il n'y a plus de distances : d'innombrables artères de circulation sillonnent tous les pays ; la vapeur offre aux peuples la faculté de se visiter, de s'apprécier, de se connaître ; sur l'aile de la foudre, les deux hémisphères peuvent réciproquement se communiquer leurs pensées, leurs sentiments, leurs besoins, se consulter, s'éclairer ; le canal de Suez mettra bientôt en rapports directs, par l'Océan, l'ancien monde et le nouveau. Comment les haines, les préjugés pourraient-ils se perpétuer, dans ce courant commun, si favorable à l'harmonie ?

N'est-ce pas là le secret des apaisements de rivalités, de préventions, des resserrements d'alliances que notre temps voit succéder à des tiraillements, à des jalousies séculaires ? N'y faut-il pas voir aussi la cause du succès, tout nouveau, de ces explorations lointaines, en des contrées inconnues ? Il n'existe plus un pays, si lointain, si impénétrable soit-il, dont les frontières n'aient été franchies : d'intrépides pionniers vont partout ouvrir les voies à de nouvelles et fructueuses relations. Ah ! pour que l'Europe exerce un si puissant prestige, même sur des hordes à demi sauvages encore, ou dont la civilisation est si loin de ressembler à la nôtre, il faut que les progrès acquis, eu égard au passé, aient atteint un niveau bien sensible ; jamais l'expansion de ce prestige ne s'était produite dans une égale mesure.

Les traités internationaux, la liberté des mers ont, il est vrai, contribué à ces magnifiques résultats. Sous leur influence, les relations commerciales se sont singulièrement étendues ; les transactions de toute sorte s'opèrent, entre les continents, sans autre limite, sans autre régulateur que l'offre et la demande, que les ressources de la production et les besoins de la consommation. Les débouchés deviennent de plus en plus nombreux. Il est permis de dire que les monopoles, s'ils ne sont pas entièrement disparus, tendent à s'effacer tous les jours davantage : les marchés nationaux se confondent en un marché unique, universel, où sont conviés à apporter ou à puiser leurs approvisionnements tous les peuples de la terre. Et la France n'y tient pas la place la moins brillante : ainsi que le rappelait naguère un orateur dont la parole fait autorité (1), « notre « commerce extérieur a doublé en dix années, et dépasse au- « jourd'hui six milliards. A la fin du dernier siècle, avant la « Révolution française, il ne s'élevait guère, d'après les « évaluations de Necker, qu'à cinq cents millions. » Quelle distance parcourue ! Comment tant d'éléments de prospérité ne raviveraient-ils pas toutes les sources du crédit ?

Ici encore, quels nouveaux et larges horizons ouverts à l'esprit d'entreprise ! Les capitaux, si longtemps immobilisés ou sans emploi productif, recherchent les placements avantageux ; leur association avec le travail, en multipliant les forces individuelles, contribue efficacement à l'augmentation des fortunes privées. Chaque année, la fortune mobilière de la France se chiffre par une plus-value importante. Aussi, autour de nous, la confiance publique suit-elle le mouvement ascensionnel du bien-être général, et la moralisation y trouve-t-elle d'utiles stimulants.

C'est en vain que des crises financières ou industrielles passagères, excitées par des événements dont l'explosion n'a pu être empêchée ou prévue, viennent périodiquement jeter la

---

(1) M. Forcade de la Roquette, sénateur.

désolation au sein de nombreuses familles. Les chômages forcés, avec leur cortége de souffrances, sont noblement, courageusement supportés, sans qu'une plainte, une rumeur se fasse entendre. Fait digne de remarque : la résignation a remplacé le désordre.

J'ai hâte d'ajouter, à l'honneur des populations, que la solidarité des intérêts est partout reconnue : jamais moyens plus ingénieux, ni plus élevés, ne furent mis en usage pour secourir avec largesse toutes les infortunes. Outre les efforts de la charité proprement dite, des institutions de prévoyance et de mutualité, aussi multipliées que bienfaisantes, embrassent l'homme depuis sa naissance jusqu'à sa vieillesse, lui offrant, aux divers âges de la vie, leurs garanties salutaires contre le besoin, contre la misère : acheminement certain, quoiqu'un peu lent peut-être, vers la solution d'un des problèmes les plus intéressants, celui du paupérisme.

Soumis aux mêmes lois que le crédit privé, le crédit public se ressent lui-même d'une situation qui crée partout la sécurité : chacun des appels qui lui sont faits montre que la richesse sociale s'accroît sans cesse ; elle est inépuisable, dès qu'il s'agit de l'appliquer aux grandes œuvres d'une générale utilité. N'est-ce pas ce qui explique la possibilité de réunir les immenses ressources qu'en ces derniers temps a exigé le développement des travaux publics ? Les centres importants se sont embellis, assainis ; il n'est pas de bourg, de commune qui n'ait reçu des améliorations notables. Cités et campagnes ont vu cesser l'abandon affligeant dont, trop longtemps, elles avaient été victimes.

L'industrie, de son côté, a été encouragée, soutenue dans ses luttes, dans ses défaillances, et, malgré des causes répétées de souffrance, elle a pu sortir saine et sauve des épreuves cruelles qui lui ont été infligées par les événements.

A aucune époque de notre histoire, l'agriculture n'a excité autant de sollicitudes ni reçu des preuves constantes d'une aussi active protection ; jamais autant de guides judicieux et pleins de désintéressement ne lui ont prêté l'appui de leurs conseils, de leurs impulsions. Des exemples, partis de haut, lui ont été donnés ; une presse spéciale s'est dévouée à son service exclusif ;

les hommes de pratique et de science se sont à l'envi attelés à son char....

Quelle transformation, pour le présent, dans tous ces faits, indiqués à peine ! Que de pas vers un meilleur avenir !

Oui, voilà le progrès ! Le progrès existe ; il est réel, évident. Le nier serait ingratitude ou folie.

CHAPITRE II

OU LE PROGRÈS EST ENCORE POSSIBLE ET NÉCESSAIRE

I

CE QUE DOIT ÊTRE LA FRANCE

Mais sortons de ces brillantes généralités.

Examinons si les progrès obtenus sur tant de branches diverses de l'activité humaine sont suffisants : ne sont-ils pas encore désirables dans d'autres sphères ? et quel rôle, à ce point de vue, est réservé à notre patrie ?

La France, par sa position géographique, son climat, la fertilité de son sol, autant que par le caractère, les mœurs, les nombreuses aptitudes de ses habitants, occupe dans le monde une place privilégiée. Ses côtes sont baignées par deux mers ; les ports considérables qu'elle possède lui permettent de répandre ses produits dans toutes les régions du globe ; il n'est pas de contrée si éloignée qui ne connaisse son pavillon. Du côté du continent, des voies rapides la relient à tous les centres principaux de l'Europe. Partout sa puissance et son nom sont respectés. Sous un ciel tempéré qui les favorise, les fruits de la terre y acquièrent des qualités précieuses, et leur variété est en rapport avec toutes les nécessités de la vie. Les habitants y sont laborieux, actifs ; ils excellent à tout labeur qui demande le concours de l'intelligence.

Avec ces conditions, si propices au développement de sa production agricole, la France est-elle, à ce dernier point de vue, à la hauteur des besoins que lui créent sa situation et le chiffre de sa population? Tire-t-elle de ses ressources culturales tout le parti qu'elle en pourrait tirer?

Assurément, la production industrielle s'est considérablement accrue en ces derniers temps; mais il n'en a pas été de même, du moins dans des proportions normales, pour la production territoriale. L'agriculture n'a pris qu'une part timide, hésitante au mouvement de progrès qui s'est manifesté ailleurs; je le montrerai tout à l'heure par des chiffres. Là, l'immobilité n'a pu être qu'à moitié vaincue : la routine a conservé, quand même, de trop nombreux partisans. La propriété, certes, n'a pas été sans réaliser des bénéfices, grâce aux années d'abondance qui ont suivi celles de disette; mais il est juste aussi de reconnaître que l'augmentation de production, toute relative qu'elle ait été, a dû se trouver encore atténuée, pour les propriétaires, par les frais courants d'exploitation. On sait comme les prix de main-d'œuvre se sont aggravés. En tous cas, les détenteurs, au lieu de consacrer leurs profits à l'amendement du sol, en ont disposé pour d'autres usages.

Tandis que la population spécifique de la France augmente, le nombre des bras employés aux travaux directs de la terre diminue : de là, indubitablement, découle tout d'abord le malaise fâcheux, inquiétant qui pèse d'un poids si lourd sur la production foncière. J'ai traité ailleurs cette question capitale (1), qui tous les jours acquiert une nouvelle gravité; je n'y insisterai pas ici davantage. J'ajouterai seulement, à l'appui de mes affirmations sur l'infériorité de notre agriculture, qu'en France la densité moyenne de la population actuelle, par kilomètre carré, n'est que de 69 âmes (2); la population spécifique de la plupart des autres pays agricoles est plus élevée : elle atteint, pour la même surface, 160 habitants en Belgique, 132 en

---

(1) *Études sur la Dépopulation des campagnes.*

(2) Chiffre exact : 68, 85. — *Statistique de la France. Population.* 2e Série, tome XIII, page XXIX.

Angleterre, 101 en Hollande, 88 en Wurtemberg et 84 en Italie (1).

Les contrées bien cultivées sont toujours les plus peuplées. Nous avons donc encore à réaliser de nombreuses améliorations, pour arriver au point où nous ont devancé des nations voisines.

La France, du reste, ne peut se contenter de son commerce et de son industrie. Par tempérament et par nécessité, elle est forcée de demander à l'agriculture sa principale base de fortune. Les puissances purement industrielles ou commerçantes, arrivées à l'apogée de leur prospérité, ne peuvent longtemps s'y maintenir : l'histoire de tous les âges en fournit d'abondantes preuves. Pourquoi en est-il ainsi ? C'est que le commerce et l'industrie ne forment qu'une base mobile, capricieuse : au premier souffle de la tempête, elle est emportée dans la tourmente et disparaît soudainement ; telles s'évanouissent, au sein des mers, ces îles flottantes qu'une onde soulève et qu'une autre onde engloutit. Cherchez ce que sont devenus tant de cités et de peuples, portés au faîte des richesses et des splendeurs par le développement merveilleux de leur génie de négoce : sans parler de Ninive, de Tyr, de Carthage, de la Phénicie, dont la prospérité remonte à une antiquité reculée, Venise, la Hollande, le Portugal, Gênes où sont-ils tombés, du rang prééminent qu'ils ont occupé, dans les temps modernes, parmi les nations ? Quelques-uns de ces noms ne survivent que dans les souvenirs historiques ; les autres ne représentent, par la médiocrité de leur place dans le monde, que quelques derniers vestiges d'un pouvoir effacé et déchu.

L'agriculture donne la stabilité, seule ou combinée avec les autres éléments de prospérité publique. Les peuples qui s'y livrent, qui s'y complaisent, et y cherchent leurs jouissances en même temps que leur richesse, sont ceux dont le rôle est le plus durable dans l'humanité : voyez la Chine, l'Angleterre, la France elle-même, dont le passé indique l'avenir.

---

(1) Dans l'ancien royaume de Lombardie, la population spécifique est, par kilomètre carré, de 142, 55 ; dans le Piémont et la Ligurie, de 103 habitants. — *Statistique de la France*, *Loc. cit.*

Aujourd'hui moins que jamais, les intérêts agricoles pourraient être abandonnés ou seulement négligés: Le taux de l'argent diminue; celui de la rente même tend à s'affaiblir. La valeur immobilière, seule, est en voie de suivre la marche ascendante que lui tracent les lois dérivant des conditions économiques, c'est-à-dire les besoins de la consommation.

La France a toujours été agricole; elle doit le rester. Cette destinée lui est faite par ses traditions, par sa situation géographique, par son génie.

II

SUBSISTANCES

J'ai constaté les progrès de la richesse publique. Y a-t-il eu accroissement de bien-être au profit, non point d'une partie seulement, mais de toutes les classes de la société? Là, et là surtout, est d'abord la question à poser.

Eh bien! l'on peut répondre hardiment; et la réponse sera négative. Non! le niveau du bien-être des classes laborieuses ou moyennes n'a pas éprouvé une élévation normale. Si les familles riches ont pu, en certains cas, augmenter leurs fortunes, celles qui tiraient leurs revenus du travail n'ont pas joui du même privilége.

Les exigences de la vie se sont aggravées dans une proportion au moins égale à celle de l'augmentation spécifique des richesses: les conditions générales d'existence se sont modifiées, depuis moins de vingt ans, au point que les dépenses ont doublé. Pour que l'équilibre existât, il eût donc fallu que les ressources de tous les ménages se fussent également accrues dans la proportion de 1 à 2. En réalité, les deux tiers de la population n'ont vu apporter qu'une modification incertaine, précaire à leurs revenus, à leurs salaires, aux prix de leurs travaux, lorsque même cette modification s'est produite, tandis que la cherté des vivres, des loyers, de tous les objets de consommation augmentait autour d'eux.

Si donc la fortune publique a gagné en extension, ce n'a pas été à l'avantage du plus grand nombre.

Il en eût été autrement, croyons-nous, si les progrès obtenus dans le commerce et dans l'industrie se fussent, en même temps, réalisés dans l'agriculture. Mais il n'en a point été ainsi. Ce que j'avance, je vais le prouver : laissons parler les faits, en empruntant nos renseignements aux documents officiels.

Il y a quarante ans, les cultures en blé n'excédaient pas environ 4 millions d'hectares ; aujourd'hui, elles s'étendent à près de 7 millions d'hectares. De plus, la production s'est élevée, durant le même intervalle, de 6 à 7 hectolitres par hectare. Mais c'est dans ces derniers temps surtout que s'est accusé ce mouvement, d'ailleurs peu tranché. L'étendue des terres ensemencées en froment a augmenté chaque année, sans interruption, depuis 1851 : elle était, à cette époque, de 5 millions 999,376 hectares ; en 1856, de 6 millions 468,236 hectares ; en 1861, de 6 millions 754,227 hectares. L'accroissement moyen des ensemencements a été, par année, de 75,485 hectares.

La progression constatée dans les produits s'est-elle marquée dans les mêmes proportions ? Sauf pour les années 1857, 1858 et 1860, où le rendement a été exceptionnel, car il a atteint jusqu'à 110, 109 et 101 millions d'hectolitres, les récoltes en froment, depuis 1847, ont donné des moyennes ou inférieures ou stationnaires : de 97 millions 611,140 hectolitres en 1847, elles étaient descendues à 85 millions 986,232 hectolitres en 1851, à 85 millions 308,953 hectolitres en 1856, et à 75 millions 116,287 hectolitres en 1861. En 1862, il est vrai, elles étaient remontées à 99 millions 292,224 hectolitres, mais en y comptant l'appoint des trois nouveaux départements annexés.

Où nous trouvons, du reste, la mesure exacte du rapport de la production avec les surfaces ensemencées, c'est dans la quantité de froment récoltée annuellement par hectare. Or voici les résultats consignés en chiffres ronds : — 16 hectolitres en 1847 ; — 14 en 1848 ; — 15 en 1849 ; — 14 en 1850, 1851 et 1852 ; — 10 en 1853 ; — 15 en 1854 ; — 11 en 1855 ; — 13 en 1856 ; — 16 en 1857 et 1858 ; — 13 en 1859 ; — 15 en 1860 ; — 11 en 1861 ; — 14 en 1862 (1).

(1) Ces renseignements, comme ceux qui précèdent, ont été puisés dans les *Annales du Commerce extérieur*. (*Exposé comparatif pour les seize années de*

Ces rapprochements démontrent, à l'évidence, qu'il n'y a pas eu des progrès bien réels dans le développement de la production de la denrée agricole la plus importante, la plus indispensable. Est-ce là ce qu'eût exigé la situation économique? Certes, elle eût demandé beaucoup plus. La France, comme par le passé, produit toujours moins qu'elle ne consomme. Le chiffre de ses importations, en blé seulement, surtout traduit en numéraire, dépasse sensiblement celui de ses exportations : année moyenne, le montant du déficit représente environ 30 millions de francs. Il suffit d'énoncer ce fait, pour faire voir combien la richesse générale du pays doit se ressentir de la perte d'une pareille somme, annuellement sacrifiée aux besoins d'une seule branche des subsistances.

Et que sera-ce donc si nous nous livrons aux mêmes recherches en ce qui touche aux céréales de toute espèce? Ici, les nombres acquièrent une bien autre importance. Pour ne pas regarder trop loin, relevons que, pendant les dix années de 1853 à 1862, les importations de céréales, défalcation faite des exportations, se sont soldées par les sommes suivantes, valeurs réelles en millions de francs (1) : année 1853, 94 millions ; 1854, 143 millions ; 1855, 127 millions ; 1856, 301 millions ; 1857, 106 millions ; 1861, 389 millions ; enfin, 1862, 106 millions. Il n'y a eu d'excédant au profit des exportations que pour trois années, savoir : 1858, 79 millions ; 1859, 119 millions ; 1860, 89 millions. En résumé, durant cet intervalle de dix années, la France a importé des céréales jusqu'à concurrence d'une somme totale de 979 millions ; et, si nous y ajoutions les importations en farines, nous atteindrions une somme supérieure à un milliard.

Un milliard de déficit dans les récoltes, tous les dix ans, n'est-ce

---

1847 à 1862.) Nous n'avons pu, à notre grand regret, y comprendre les années 1863, 1864 et 1865. Néanmoins, nous pensons que, les évaluations officielles présentées portant sur une période de seize années consécutives, les résultats généraux n'en auraient pas été sensiblement changés. Remarquons, enfin, que l'admission des trois dernières années dans nos comparaisons en aurait faussé l'exactitude, par suite des annexions de territoire après la guerre d'Italie.

(2) *Loc. cit.*

pas un fait anormal ? Sans pessimisme, nous dirons qu'il est fâcheux ; d'autant plus fâcheux, du reste, que, loin de favoriser, il ralentit l'accomplissement des améliorations que réclame l'alimentation publique.

Les conditions de la vie moyenne ont sans doute progressé depuis un demi-siècle. On sait la part qu'a fini par prendre l'usage du pain de pur froment : si, en des temps peu éloignés encore, il était inconnu, dans certaines parties de la France, à un assez grand nombre de ménages, il n'en est plus de même, Dieu merci. Aujourd'hui, la consommation du pain de blé est générale. Le *Penty* bas-breton ne se contente plus de son pain de seigle noir, ni le Landescot de sa grossière *crouchade* (1)... Il faut à l'un comme à l'autre des aliments réparateurs. Le pain de seigle, de maïs, de pommes de terre, de châtaignes a fait place à une nourriture plus saine, plus substantielle. La fabrication du pain s'est considérablement améliorée, et, par cela même, la consommation du blé en a été accrue dans des proportions nouvelles.

Mais les peuples ne peuvent pas vivre que de pain : il est nécessaire aussi que la consommation de la viande, et en particulier de la viande de boucherie, ait son tour à l'accession dans les habitudes des familles même les plus modestes. C'est là, depuis longtemps, l'une des préoccupations les plus vives, les plus justifiées des économistes. De la solution de ce problème, en effet, dépendent de grands résultats : le bien-être matériel et du même coup la moralité d'une énorme partie des populations, dont l'alimentation générale est encore insuffisante, ou du moins inférieure à ce qu'elle pourrait et devrait être ; d'un autre côté, l'on en retirerait une expansion tout à fait inconnue des richesses et de la prospérité publiques.

Les gouvernements français ont eux-mêmes reconnu la nécessité d'encourager les tentatives faites dans ce sens. Les concours d'animaux de boucherie de Poissy et de Bordeaux témoignent, à

(1) Sorte de bouillie, faite avec de la farine de maïs, dont se sustentait, il n'y a pas vingt ans encore, la plus grande partie des populations des Landes de Gascogne.

cet égard, de leur vive sollicitude. Et pourtant nous sommes loin de la réalisation des aspirations les moins exagérées : dans certaines contrées de la France, les travailleurs des champs sont privés de viande; tout au plus « la poule au pot, » ce *summum* de bien-être rêvé par le plus populaire de nos rois, apparaît-elle de loin en loin à leurs yeux étonnés ; la viande de boucherie ne leur est servie qu'en des occasions bien plus rares encore.

Et cette situation est la conséquence même du retard de la production nationale. Nous importons chaque année, pour la consommation française, environ 140,000 têtes de gros bétail (1); elles nous coûtent plus de 80 millions. Ces chiffres tendent toujours à augmenter (2) ; avant peu, ce sera par 100 millions qu'il faudra compter la somme annuelle que nous jetons ainsi à l'étranger. L'accroissement constant du prix de la viande ne peut laisser aucun doute sur les nouveaux besoins qui se manifestent tous les jours.

Or, si la consommation du pain et de la viande prend ainsi des proportions de jour en jour plus en désaccord avec celles de la production, il est évident que ce ne pourra être qu'au préjudice de la portion la plus nombreuse, mais aussi la plus intéressante des populations, celle qui n'a que ses bras, que son travail pour suffire aux diverses exigences de la vie. Tous les éléments de prospérité, tous les intérêts sont solidaires. Une disette, même factice comme celle dont nous parlons, entraîne bien des maux à sa suite. Les achats de grains et de viande à l'étranger nécessitent de grands déplacements de numéraire ; ils atténuent sensiblement le développement de la fortune publique qui pourrait découler des opérations ordinaires du libre échange, de l'action du commerce et de l'industrie ; ce qui le prouve, à mon avis,

---

(1) Je ne parle pas des moutons importés pour notre boucherie et dont le nombre a été, en 1847, de 102,804 têtes ; en 1859, de 455,361, et en 1863, de 638,578 têtes. (Voir les *Annales du Commerce extérieur*, n° 1598.)

(2) Le chiffre des importations de gros bétail s'est accru déjà dans les proportions suivantes :

1847........................	22,996 têtes.
1859........................	84,263
1863........................	126,647

(*Annales du Commerce extérieur*, n° cité.)

c'est qu'il est rare qu'une crise monétaire ne soit pas le contre-coup consécutif d'une crise des subsistances.

Maintenant, pour envisager la question sous une autre face, faut-il regretter les aspirations au bien-être, au confortable de la vie, qui portent les classes populaires à rechercher ce qu'on pourrait appeler le luxe dans l'alimentation ? Non, certes : ici, rien n'est à blâmer ; bien au contraire. La nourriture n'est-elle pas le principal véhicule de l'action de l'organisme humain ? Le travail ne se ressent-il pas des forces de l'ouvrier ? En fait de subsistances, si le bon pain et la viande sont du luxe pour l'homme de labeur, ce luxe est le nécessaire.

Les ouvriers belges et anglais ont été réputés avoir jusqu'ici, sur l'ouvrier français, une supériorité incontestable. Même sur les chantiers de notre nation, ils sont encore parfois embauchés avec préférence : ils montrent plus d'habileté, plus d'énergie musculaire, plus de ténacité à la fatigue. Pour les travaux des champs, ils sont incomparables. D'où leur viennent leurs qualités solides et résistantes ? De l'usage habituel et régulier d'une meilleure et plus abondante alimentation. Le pain blanc et la viande de boucherie entrent dans leur nourriture d'une manière journalière constante. Les ouvriers français qui, depuis plus ou moins longtemps, ont adopté le même régime supportent parfaitement avec eux la comparaison. Malheureusement, cette amélioration, si désirable, n'a pas encore eu lieu dans toutes les professions, notamment dans la vie rurale. Qu'elle y soit introduite, généralisée ; on en verra bientôt les effets. Le travailleur français, citadin ou campagnard, alors n'aura plus à redouter des rapprochements désavantageux pour lui ; on peut être certain, sans chauvinisme, que, nulle part, il ne trouvera même des rivaux.

III

LES ENGRAIS

C'est aujourd'hui un lieu commun que de s'écrier, avec le gros bon sens du laboureur de Chaloue : « Point de fourrages « sans prés, point de bétail sans fourrages, point de fumier

« sans bétail, et point de grain sans fumier. » Cette maxime a vieilli : elle a été si fréquemment répétée sur tous les tons ! Et, cependant, elle n'en sera pas moins éternellement jeune, car elle n'en sera pas moins toujours vraie, toujours applicable. En dehors d'elle, l'agriculture ne pourra que tourner dans un cercle vicieux ; la France ne remplira qu'une partie de sa mission ; la question des subsistances attendra vainement d'être tranchée dans le sens d'une alimentation forte, bien réglée, propre à former des générations robustes, infatigables.

L'engrais, tel est donc, chacun le sait, le principe fertilisant par excellence. De tous les engrais, le meilleur, le plus sûr, quel est-il ? Quel est celui qui se prête le plus à l'assimilation complète, à la trituration normale d'un sol bien préparé ? celui qui, outre ces qualités où il prend une supériorité incontestable, coûte le moins cher, puisqu'il est productif d'un bénéfice même ? N'est-ce pas le fumier de ferme ? Fécondité et économie : tels sont les avantages énormes qu'on y trouve. Après cela, il y a lieu de s'étonner qu'on ne s'efforce pas, par tous les moyens, d'en augmenter les quantités disponibles. Le seul inconvénient qu'il présente, c'est d'être trop rare, en regard des besoins pressants qui s'en font sentir.

Ce n'est que par l'élevage d'un nombreux bétail qu'il sera possible d'obtenir les masses de fumiers de ferme réclamées par l'agriculture. Or nous n'avons, en France, que 10,094,000 têtes d'animaux de l'espèce bovine (1) ; soit un peu moins qu'une tête par demi-hectare de terres labourables, et à peu près une tête par cinq hectares de l'étendue totale du territoire. On évalue à 3 millions le nombre des chevaux et à 730,000 celui des animaux de l'espèce mulassière existant dans le pays ; le chiffre des bêtes à laines est estimé être de 35 millions de têtes. La France, certes, a des mamelles assez puissantes pour nourrir plus de bétail ; il ne lui manque que d'être plus abondamment pourvue en fourrages.

Les surfaces occupées en prairies, en Angleterre, en Suisse, en Hollande et dans quelques parties de l'Allemagne, ont à peu

(1) Statistique officielle de 1852.

près la même étendue que les terres arables ; dans les provinces de la Lombardie et du Piémont, le sol cultivé à la charrue représente à peine la moitié de l'étendue des prairies. Aussi ces pays sont-ils les plus féconds en céréales de l'Europe. Pour élever la France, comme prospérité agricole, seulement au niveau de l'Angleterre, de la Hollande, de la Suisse, il faudrait donc distribuer ses terres labourables en deux parts à peu près égales : l'une consacrée aux cultures qui exigent l'emploi de la bêche ou de la charrue ; l'autre, exclusivement à des prairies.

Les surfaces à partager ainsi se composeraient des éléments suivants :

Céréales	15,364,000 hectares.
Racines, etc.	1,646,000
Cultures diverses.	925,000
Jachères.	5,705,000
Prairies naturelles.	5,057,000
Prairies artificielles	2,563,000
Total.	31,260,000 hectares.

Sur ces 31 millions d'hectares, la moitié, soit 15 millions d'hectares, devrait être en prairies permanentes. Il n'y en a actuellement que 7 millions et demi environ : resterait, par conséquent, 7 autres millions et demi à convertir en prairies, soit naturelles, soit artificielles. Toutefois, les prairies naturelles sont partout préférables. Les cultures fourragères champêtres ont sans doute pris quelque extension ; il y aurait injustice à méconnaître les services qu'elles ont rendus. Mais elles doivent être considérées plutôt comme un expédient que comme une solution : elles ne sauraient suffire même pour atténuer l'état d'infériorité où se trouve la France, au point de vue de l'élève du bétail, et partant de la multiplication de l'engrais, vis-à-vis des pays voisins plus favorisés. Les fourrages artificiels, dans les contrées soumises aux sécheresses, n'atteignent qu'un rendement précaire, quelquefois insignifiant ; en outre, ils ne fournissent, pour l'hiver, qu'une nourriture maigre, peu fortifiante, de qualité inférieure.

Faire des prairies, c'est s'assurer du fumier de ferme. Il fait défaut dans tous les départements ; ce qui le prouve, c'est que la fabrication des engrais artificiels s'est singulièrement développée : leur commerce se solde annuellement, pour la France entière, par 50 millions de francs (1). Cette situation accuse, d'une manière évidente, les besoins agricoles. Ces besoins sont immenses ; comment y pourvoir? Les procédés chimiques les plus ingénieux s'y évertuent ; néanmoins, la pénurie d'engrais, loin de diminuer, s'accroît tous les jours (2).

En agriculture, comme partout ailleurs, les faits ont leur logique impitoyable. Le mouvement extensif que les agronomes se sont attachés à imprimer à la production des céréales a été sur bien des points obtenu ; mais l'épuisement plus rapide des terres en a été la conséquence ; de là, la nécessité de plus fortes fumures, et plus souvent renouvelées. Les agents de fertilisation fournis par le sol lui-même n'étant ni assez puissants, ni en quantités assez considérables pour faire face à tous les besoins, il fallait trouver des adjuvants efficaces : une nouvelle industrie s'est créée sous la pression des circonstances. Ce ne serait qu'un bien, si, malheureusement, les engrais commerciaux n'étaient, par leur cherté, rendûs inaccessibles à la majorité des cultivateurs, et si, du même coup, n'avaient surgi, dans leur préparation ou leurs falsifications, les plus regrettables abus.

En somme, en fait d'engrais, le guano et toutes les compositions chimiques plus ou moins savantes offertes à l'agriculteur ne remplacent pas le simple fumier de ferme. Il est donc certain que, si de nouvelles prairies pouvaient augmenter la somme des fourrages, les fourrages nourrir de plus grandes quantités de bétail, le fumier de ferme aurait bientôt repris la faveur qui lui est due et qu'il justifie à tant de titres.

---

(1) L'emploi des engrais industriels s'est tellement généralisé sur quelques points du territoire que, dans le seul département de la Loire-Inférieure, d'après un rapport officiel de M. Bobière, chimiste, vérificateur des engrais à Nantes, il s'en est consommé pour une somme de 35 millions de 1850 à 1860.

(2) En 1863 seulement, il a été importé, en France, 67,788 tonneaux de guano. Le chiffre de cette importation, qui, en 1847, n'était que de 1,399 tonneaux, atteignait déjà 37,978 tonneaux en 1859 ; il s'élève d'année en année. (Voir les *Annales du Commerce extérieur*.)

IV

RICHESSES MINÉRALOGIQUES

Comme production minéralogique, la France est loin d'occuper, parmi les nations, le rang que devraient lui assigner l'activité de son industrie et de son commerce, sa contenance territoriale, l'aspect général de son sol, le nombre et l'importance des chaînes de montagnes qui dans tous les sens la parcourent.

Jetons un sommaire coup d'œil sur l'ensemble de cet élément des richesses publiques. Nos informations seront puisées aux sources les plus véridiques ; elles sont empruntées à la *Statistique de l'industrie minérale*, publiée en 1861 par l'imprimerie impériale.

Il résulte de ce document (1) que la production française des combustibles minéraux, qui, en 1787, n'atteignait que la quantité de 2,150,000 quintaux métriques, s'élevait, en 1859, à 74,825,718 quintaux métriques. La progression, depuis le premier de ces deux termes, a été à peu près constante. En 1815, la France produisait 8,815,872 quintaux métriques ; en 1830, 18,626,653 quintaux métriques ; en 1847, 51,532,046 quintaux métriques ; en 1852 seulement, une dépression momentanée faisait redescendre le chiffre à 49,039,300 quintaux métriques.

La consommation (2), de son côté, suivait une marche également ascendante ; elle se traduisait par les résultats ci-après :

---

(1) Page XXXV. — Le dernier *Exposé de la situation de l'Empire*, janvier 1866, page 115, constate qu'en 1865, l'extraction des houilles, qui atteignait 111 millions de quintaux en 1864, paraît devoir dépasser 113 millions de quintaux métriques, valant en moyenne 1 fr. 15 c. le quintal ; soit un accroissement de production, en cinq ans, de 30 millions de quintaux. Mais, plus loin, le même document conclut « que la consommation a marché plus vite que la production. »

(2) Cette consommation se répartissait ainsi, par nature d'emploi, en 1858 :

	Quint. mét.
Mines et carrières	4,892,600
Usines minéralogiques, manufactures, usines à gaz	89,682,000
Industrie du transport	14,236,700
Économie domestique	20,119,000

(*Statistique de l'industrie minérale*, page 203.)

d'équilibre s'établira entre eux ; le capital qu'ils représenteront pourra être évalué, apprécié avec vérité et justice ; l'impôt foncier, alors, sera la part prélevée sur la terre pour faire face, dans une proportion équitable, aux charges générales de la société.

D'un autre côté, cette transformation idéale de la propriété, comment l'obtenir? Le crédit agricole a-t-il été encore créé en France? Pour la grande propriété, oui, peut-être ; pour la petite, non. Le crédit, quand il est onéreux, quand il absorbe les bénéfices dont il est destiné à favoriser l'accroissement, ne mérite pas ce nom. Le crédit agricole, comme nous le voudrions, ce serait celui devant lequel s'effaceraient les privilèges : accessible, en un mot, à tout propriétaire, à tout cultivateur qui aurait besoin d'y recourir, sans acception de fortune. Les plus malheureux sont ceux qui en retireraient le plus grand profit. A la condition de garantir l'emprunt, chacun devrait être accueilli. Tout crédit fondé sur des exigences exagérées, sur des difficultés minutieuses ou puériles est dans l'incapacité de faire le moindre bien.

Le crédit agricole est à établir ; il sera fondé du jour où la propriété foncière aura acquis la fécondité qui lui manque. L'augmentation des produits du sol, outre son influence sur le développement du bien-être général, pourra seule amener, pour le propriétaire, des bénéfices rémunérateurs de son travail, de ses risques. S'il est dans l'obligation de contracter des dettes, aujourd'hui il n'est pas sûr de pouvoir les acquitter jamais ; les intérêts annuels grèvent son bien, et, trop souvent, le capital est absorbé avant la libération. Que surviennent quelques mauvaises années, les profits prélevés sur les bonnes ne suffisent pas à couvrir les déficits : pour perspective, une ruine presque certaine. Avec des produits plus abondants en céréales et en bétail, ces difficultés se trouveraient aplanies. Il ne serait pas à craindre que l'abondance pût tourner au préjudice du producteur : nous avons vu que les besoins, les exigences d'amélioration, au point de vue des subsistances notamment, impliquent la nécessité d'une surélévation très considérable de ressources. Le perfectionnement de la production ne fera qu'accélérer la consommation. Les prix, loin de s'affaiblir, continueront leur marche ascendante, à la faveur même de l'expansion de la prospérité publique. Si le propriétaire est condamné à l'impuissance de se soustraire aux éventualités de pertes, de sinistres imprévus, il aura du moins la faculté d'obtenir, aux années moins calamiteuses, de sûres compensations.

Alors le crédit agricole se trouvera tout naturellement implanté dans les mœurs. Les institutions financières n'y auront que faire : l'argent tiré de la terre reviendra à la terre, et l'on ne verra plus ce spectacle étrange des bénéfices provenant du sol employés à d'autres industries, considérées comme plus fructueuses, tandis que l'agriculture est dénuée de toute dotation.

Mais, pour que la propriété foncière soit en mesure d'atteindre à ce brillant avenir, il lui faut subir d'essentielles modifications, eu égard à sa situation actuelle. Elle est exposée à de nombreux fléaux. Quelques-uns sont inévitables ; le génie humain est sans force contre eux. Quelques autres peuvent être efficacement combattus.

Ainsi, quelles pertes, quelles déceptions ne cause pas souvent la sécheresse ? Même dans les pays les moins exposés aux ardeurs d'un soleil dévorant, le manque d'eau prolongé devient une calamité publique : la végétation, paralysée par cet état anormal, s'étiole, se rabougrit, au lieu de se fortifier. La campagne, à la place de sa parure étincelante de verdure, de fleurs et de fruits, présente le morne tableau de plaines ou de coteaux arides, calcinés et nus ; elle fait peine à voir. Et le malheureux cultivateur assiste, l'œil sombre et désolé, à cette destruction de sa récolte, sur laquelle peut être, qui sait ? reposaient ses dernières espérances. Et les champs ne sont pas seuls à souffrir. Bien des villes, des communes, des bourgs, des fermes sont privés, aux moindres sécheresses, des eaux indispensables à l'alimentation humaine et animale ; les populations sont forcées d'aller, souvent au prix de grandes fatigues et en tous cas de pertes de temps regrettables, se procurer au loin les eaux superficielles absentes dans leur voisinage.

Les intérêts de l'agriculture, comme ceux des habitations privées, commandent donc qu'on s'occupe d'eux. Les sécheresses peuvent être prévenues ; quels services on rendrait au pays, en neutralisant leurs effets désastreux !

Les inondations ne sont pas moins à redouter : tous les ans, ou peu s'en faut, elles ravagent des contrées entières. Les pluies diluviennes, pendant l'hiver, les fontes de neiges ou les orages, pendant le printemps, accumulent dans les vallées des masses d'eaux dévastatrices. Les fossés se changent en torrents, les torrents en fleuves, les fleuves en lacs formidables. Le flot grandit, se presse, se heurte, entraînant des quartiers de roche, des sables grondants : il envahit les cultures à sa portée, les mutile, les broie, et roule sur elles, comme la pierre sur un tombeau, ses nappes meurtrières. Tout est détruit sous ses pas.

Là aussi, il y a à tenter des mesures de préservation efficaces. Et, si grande que soit la tâche, elle n'est point au-dessus des forces d'un peuple, ni d'une génération même. Ne serait-ce pas l'un des plus beaux legs faits par le présent à l'avenir ?

Sans sortir du domaine de l'agriculture, n'y a-t-il pas lieu de signaler comme trop rares les cultures maraîchères et les cultures industrielles ? Dans certaines parties de la France, les conditions climatériques, mais dans le cas le plus fréquent la disette d'eau, les rendent présentement impraticables. Les premières, pourtant, plus répandues aux alentours des agglomérations de populations et même des simples habitations privées, ne seraient pas sans introduire des changements heureux dans le régime de l'alimentation publique ; nul doute que, dans l'extension des dernières, ne se trouvât un nouvel élément de succès pour l'industrie nationale, obligée de se pourvoir au dehors de beaucoup de matières premières que notre sol produirait généreusement.

Je viens de parler de l'industrie ; elle-même ne réclame-t-elle pas quelques améliorations ? Un de ses *desiderata* les plus légitimes est de trouver des forces motrices à bon marché. Le génie de l'homme s'est épuisé dans cette recherche ; il est parvenu à multiplier les forces actives de la nature ; il les a réglées, modérées au gré de ses besoins ; mais il n'a pu obtenir que l'usage n'en fût coûteux. La vapeur, l'électricité, les gaz, les forces animales disposent, sans doute, de leviers immenses ; la possibilité de leurs applications semble n'avoir pas de limites. La cherté de leur emploi, cependant, ne les rend accessibles qu'à la grande industrie. Il n'y a pas de moteur à meilleur marché que l'eau ; elle ne coûte que les frais d'une première installation, et ceux d'entretien des agents mécaniques qu'elle met en mouvement. Partout où l'eau se rencontre en quantité suffisante, l'outillage industriel l'emploie de préférence : rien, au point de vue de l'économie, ne peut supporter la concurrence avec l'eau ; l'homme, l'ayant une fois asservie, n'est tenu de s'imposer d'autre obligation que d'en tirer la plus grande somme possible d'utilité.

N'est-il pas évident que l'industrie moderne gagnerait beaucoup si, sans rien abandonner de ses conquêtes antérieures, elle pouvait se créer de plus nombreuses sphères d'activité, en se décentralisant peu à peu, en se fixant jusque dans les campagnes, en devenant, non pas un adversaire, mais un auxiliaire productif aux travaux de l'agriculture ? Il n'est pas difficile de comprendre l'accumulation de richesses qui en serait le résultat. La fortune publique et le bien-être général y trouveraient une nouvelle garantie d'expansion, et aussi tous les perfectionnements moraux qui font cortége aux raffinements d'une civilisation avancée.

CHAPITRE III

PROPOSITIONS A RÉSOUDRE

Je crois avoir montré que, si le progrès existe incontestablement dans la situation économique, il n'en est pas moins certain que des améliorations nouvelles, importantes sont encore nécessaires, particulièrement dans le développement de la fortune agricole et industrielle de la France.

Les intérêts agronomiques ne sauraient être abandonnés : dans leur satisfaction réside, pour le pays, une de ses principales conditions de force et de grandeur. La production en blé et en viande doit être activée ; elle ne sera jamais au-dessus des besoins publics, dont l'expansion est incessante. En céréales de toute espèce, comme en animaux de boucherie, le complément d'approvisionnement annuel a lieu par les importations étrangères; de ce chef seulement, le trésor national s'impose des sacrifices onéreux. Ces sacrifices seraient évités, au grand avantage de tous, par la multiplication des masses d'engrais de ferme à mettre à la disposition de l'agriculture. L'extension des prairies et des cultures fourragères en donnerait le moyen, en permettant, du même coup, l'élève du bétail sur une vaste échelle et une augmentation énorme dans le rendement des céréales. Sous le rapport minéralogique, les houilles et le fer, dont la consommation s'accroît chaque année, ne sont demandés à notre sol que dans des quantités en disproportion avec les exigences de l'industrie; il en est de même des autres productions métallurgiques. Des explorations géologiques amèneraient la découverte de nouvelles richesses. Enfin, au point de vue des intérêts généraux, la détermination d'une juste assiette de l'impôt, la fondation d'un véritable crédit agricole, la prévention des sécheresses et des inondations, la généralisation des cultures maraîchères et industrielles; pour l'industrie elle-même, la création de nombreux moteurs à bon marché, destinés à favoriser son introduction dans les familles rurales, tout cela, encore, questions qui sollicitent l'attention et l'examen. Leur élucidation importe au progrès, à l'avenir, non-seulement d'une nation, mais du monde entier.

Ce sont là, on l'accordera sans peine, de graves problèmes.

Les propositions dont ils demandent la solution me paraissent pouvoir être résumées ainsi :

Maintenir la France, en activant l'essor de son industrie et de son commerce, au rang des nations essentiellement agricoles ;

Mettre la propriété foncière en mesure de pourvoir à l'amélioration des subsistances, en produisant davantage, à moins de frais ;

Étendre la production des engrais de ferme, partant des céréales et du bétail ;

Assurer au pays la possession d'une plus grande partie de ses richesses minéralogiques enfouies sous le sol ;

Accorder, enfin, les satisfactions légitimes aux divers intérêts généraux préindiqués.

Or ces propositions sont-elles théoriquement et pratiquement solubles, par la seule mise en jeu des forces que la nature et la science fournissent dans l'état présent des choses? Pour nous, telle est notre pensée la plus intime : la régénération agricole et industrielle est en germe dans l'extension des prairies, par l'application d'un système de travaux ayant pour effet la généralisation des irrigations, des dessèchements et du drainage, sur toutes les surfaces de la France accessibles à des améliorations de ce genre. Et ce système pourrait être mis immédiatement à exécution ; nous espérons le démontrer.

Avant d'en aborder, toutefois, l'exposition et les détails, qu'il nous soit permis, pour plus de précision et de clarté, d'en indiquer rapidement les bases et les principes essentiels, dans la partie de ce travail qui va suivre.

DEUXIÈME PARTIE

LES EAUX

CHAPITRE IV

PUISSANCE FERTILISANTE

De tous les fléaux qui menacent incessamment l'agriculture, la sécheresse est sans doute celui qui cause les déficits les plus déplorables. Ses ravages ne consistent pas uniquement dans la perte des récoltes mal venues, ou tout à fait nulles, qui en sont frappées de stérilité ; ils atteignent jusqu'aux plus-values dont l'agriculture est privée, par suite de l'insuffisance ou de l'absence totale de prévoyance dans l'aménagement du régime public des eaux. Ce que le revenu territorial perd ainsi, chaque année, est énorme ; on peut le compter par milliards.

En matière d'agriculture, en effet, l'eau est le premier, le plus puissant, le plus indispensable élément de fécondation. Les bords et confluents des fleuves et rivières en sont une preuve remarquable : recevant périodiquement des alluvions, ou seulement maintenus dans un état de fraîcheur convenable, ils sont toujours d'une fertilité exceptionnelle.

Règle générale : sans eau, il n'y a pas de germination productive dans le sol ; l'eau est aussi nécessaire que l'air, la lumière et la chaleur à la vie des plantes culturales. Prenez, choisissez le terrain le mieux préparé ; pour si approprié qu'il soit à la nutrition des végétaux que vous voudrez y semer ou planter, ceux-ci n'y naîtront et croîtront qu'à la condition d'arrosages assez souvent répétés pour rendre permanent l'ameublissement du compost. Il faut que les substances génératrices contenues dans l'eau, comme dans l'air, comme dans la terre elle-même, puissent librement circuler autour des organes des plantes, si ténus, si imperceptibles soient-ils, et leur communiquer, en leur livrant la nourriture quotidienne, la force, la santé qui seules peuvent les amener à leur complet épanouissement.

Les eaux courantes, par elles-mêmes , possèdent une véritable énergie. Leur action, toutefois, est susceptible d'être stimulée ; elle sera bien plus accusée, si le sol où elle doit s'exercer offre des conditions de préparation particulières. Avec l'emploi simultané des amendements, des engrais et des eaux, l'agriculture se trouverait rapidement portée à un état de production dont les résultats définitifs seraient incalculables.

Mais, s'il est si important, si essentiel de combattre la sécheresse, il ne l'est pas moins de prévenir tout excès d'humidité. Autant les eaux courantes sont efficaces, autant les eaux croupissantes sont nuisibles. Le sol doit être imbibé selon ses besoins; le séjour trop prolongé de l'humidité à travers ses particules ne tend à rien moins qu'à y créer un foyer pestilentiel, mortel aux plantes utiles les plus vivaces.

Il y a, entre les deux excès à éviter, un point précis d'où les efforts les plus persévérants doivent toujours prendre à tâche de se rapprocher ; il ne faut rester ni trop en deçà, ni trop en delà. Les terres cultivées n'atteignent, en qualité et en quantité, le maximum de rendement désirable que lorsque le sol, soigneusement préparé au préalable, reçoit la somme d'humidité et à la fois de chaleur que comportent sa nature, sa composition, et que réclame l'espèce même des végétaux mis en culture.

Là gît tout le secret de la fertilisation.

CHAPITRE V

Y A-T-IL DE L'EAU PARTOUT

On peut dire qu' « il y a de l'eau partout. » Cette assertion n'est point démentie par la science. La terre est, dans ses proportions relatives, comme le corps humain : piquez celui-ci en un point quelconque ; le sang jaillira sous l'épiderme. De même pour le sol : percez la croûte terrestre ; vous verrez sourdre l'eau. Il ne s'agit que d'atteindre à la profondeur qu'occupent ces innombrables veines auxquelles la terre doit sa fécondité, sa vie. Que serait-elle sans ce complément indispensable de son organisme matériel ? Un bloc de granit inanimé dans l'espace.

La présence constante de l'eau, sur toutes les lignes d'accès de la surface de la croûte terrestre dans la direction du centre, s'affirme toutefois moins par les déductions de la science que par celles de l'expérimentation. Des recherches, des essais fréquemment réitérés sur le territoire français tendent à confirmer ce fait, en changeant les hypothèses en certitudes ; nous y reviendrons plus tard, en parlant des forages artésiens. Mais il est un rapprochement frappant, particulièrement remarquable, que nous signalerons dès à présent.

Voyez le désert. Il y a quelques années à peine, les plaines sahariennes que présentaient-elles? Des sables, rien que des sables : on eût dit un océan desséché. Dans l'immensité des steppes brûlantes, pas un arbre, pas un arbuste, pas un brin d'herbe ; aux horizons, les bornes de l'infini. Le sol embrasé se confondait avec les teintes chaudes du ciel d'Orient ; de toutes parts, une campagne morne, triste, monotone, désolée... Eh bien ! il a suffi de quelques efforts ; cet aspect séculaire a été changé. De vaillants pionniers de la civilisation ont osé tracer des sentiers dans ces plaines arides : la sonde à la main, ils se sont avancés dans le désert. De fraîches sources ont été découvertes par eux ; des puits, creusés de leurs mains, ont fait affleurer à la surface du sol des nappes souterraines, que les ardeurs du soleil paraissaient avoir étanchées ; de riantes oasis leur ont donné leur ombrage. Désormais, les sentiers qu'ils ont ouverts promettent à notre commerce des routes fécondes. Le Tell, grâce à leurs héroïques tentatives, toute la partie de nos possessions algériennes qui confine au Sahara, se trouvent reliés avec l'intérieur de l'Afrique : les populations de nos trois provinces pourront bientôt se mettre en rapports commerciaux, sans éventualité des fatigues et des dangers presque surhumains qu'avaient précédemment à affronter les caravanes, avec le Soudan et les nombreuses tribus ou peuplades qui habitent les contrées situées entre le lac Tchad et les côtes de Guinée.

Quoi ! d'aussi merveilleux résultats ont été acquis, pour notre principale colonie, à la suite des sondages pratiqués dans le désert; et l'eau, répandue sous les sables stériles, ne serait pas aussi facile à rechercher, à recueillir sous cette terre autrement privilégiée de la mère-patrie, de la France elle-même? Ici, aucun de ces grands obstacles tenant à la nature, au climat, à la configuration et à la composition géologique du terrain ; les conditions les plus favorables remplaçant des quasi impossibilités.

Ne peut-on même pas espérer d'avoir de l'eau au sommet et sur les versants des collines? La question n'est pas inopportune. De quel immense secours serait une solution affirmative! Eh bien! il n'y a pas de doute. Au faîte, comme sur les revers, comme au bas des élévations naturelles du sol, il est permis, nous le montrerons plus loin, de compter sur la présence des eaux : là, comme ailleurs, peut, de nos jours, se renouveler le miracle de Moïse.

CHAPITRE VI

LES IRRIGATIONS

Il est devenu à peu près inutile de proclamer les bienfaits de l'irrigation. Ils sont appréciés par tous les propriétaires qui ont les moindres notions des perfectionnements agricoles. Les excellents ouvrages de MM. de Gasparin, Nadaud de Buffon, Hervé Mangon, Barral, etc., dont les noms font autorité en cette matière, en ont répandu, vulgarisé la connaissance. Bien mieux : outre les principes théoriques, si souvent et si complètement exposés et précisés, des expériences décisives en traduisent publiquement les résultats à tous les yeux; il est peu de départements, de provinces du moins, qui, en France, ne possèdent des irrigations plus ou moins étendues, quelques-unes dont l'origine remonte à des siècles, les autres plus récemment établies.

L'Angleterre, la Belgique, la Hollande, l'Espagne, certaines parties de l'Allemagne, mais le nord de l'Italie surtout, ce pays classique par excellence de l'irrigation, donnent, en Europe, la mesure de l'extension de production agricole due aux arrosages périodiques. Si, en France, la propriété foncière est en état de se rendre compte des accroissements de revenu qu'elle pourrait demander à ce précieux élément de fertilisation, il n'en est pas moins à regretter que l'emploi ne s'en soit pas davantage répandu. Les localités placées dans une situation privilégiée sont les seules qui en ont retiré quelques fruits : les irrigations existent surtout dans les vallées qui avoisinent les montagnes, ou dans celles qui sont parcourues par les bassins fluviaux. Là encore, toutefois, il s'agit moins de l'application générale d'un grand principe que d'essais timidement faits et dans des proportions relativement trop restreintes.

Eu égard à la manière dont procède la nature et aux ressources hydrauliques que possède la France, les irrigations actuelles répondent-elles aux besoins du pays ? sont-elles même en rapport avec les possibilités d'établissement d'un régime normal des eaux ? Il est permis d'en douter ; quelques observations vont expliquer ma pensée.

Les irrigations françaises, telles qu'elles sont opérées, résultent toutes de l'exécution de projets isolés, sans coordination entre eux ; elles couvrent des surfaces que leur configuration topographique prédestinait naturellement à recevoir les alluvions des eaux courantes dérivées des fonds supérieurs. Ces conditions même impliquaient des limites ; on ne s'est pas attaché à les dépasser. On ne s'est pas aperçu qu'en profitant, sur quelques points seulement, de ressources qu'il était aisé d'augmenter en les rattachant à un système d'ensemble, on sacrifiait l'avenir au présent, on ne réalisait qu'une somme médiocre d'avantages faciles à étendre à une masse plus importante de propriétés.

Nous avons dit combien laisse à désirer le développement de la production agricole. Evidemment, les irrigations jusqu'ici pratiquées, avec l'appoint même de celles qu'il serait permis d'attendre de la continuation des errements du passé, ne sauraient accorder une satisfaction entière aux exigences de la situation économique. Donc, il est nécessaire de recourir à d'autres moyens.

Pour bien fixer les idées, il convient de rappeler à cette place quelques-unes des données fondamentales sur lesquelles doit être basée toute bonne irrigation.

Les arrosages à grande eau ne sont pas les plus fécondants. Dans la Provence, il est employé habituellement de 1 litre à 1 litre 66 centilitres d'eau par seconde; c'est le double de ce qui est nécessaire pour l'irrigation. Plus le soleil est chaud, plus le sol est apte à s'assimiler les éléments de fertilité que l'irrigation lui apporte. Le Roussillon, non moins richement doté que la Provence, quant à ses conditions climatériques, ne dépense pas au-delà de 17 à 25 centilitres, soit un quart de litre par seconde, et l'irrigation y produit des effets merveilleux. Un débit supérieur à un demi-litre par seconde ne peut avoir d'utilité que dans des circonstances spéciales, rares dans tous les cas. Les quantités d'eau à distribuer dépendent, sans doute, du climat du pays, mais plus encore de l'espèce des plantes à arroser.

Les irrigations ne doivent pas être continues : le nombre des arrosages périodiques nécessite un intervalle de sept à dix jours entre chacun d'eux. Trois ou quatre arrosages par mois sont donc suffisants. Dans la plupart des contrées, l'irrigation se fait une fois la semaine ; elle a lieu, suivant les temps et les besoins, à partir du mois d'avril jusqu'au mois d'octobre. Sous certaines températures, la circulation des eaux doit être suspendue pendant le jour, pour ne point neutraliser l'influence de la chaleur solaire, ou éviter de la rendre plutôt nuisible que favorable.

L'irrigation, on le sait, est surtout utile aux prairies, pour lesquelles elle est à peu près exclusivement employée en France. Il est peu de cultures, cependant, qui, en temps de sécheresse, ne puissent y gagner une somme réelle de fructification : les fourrages artificiels, les cultures maraîchères, les plantes sarclées, la plupart des végétaux employés dans l'industrie, les céréales, la vigne même auraient à retirer de larges accroissements de production d'arrosages effectués avec discernement et intelligence.

Selon la nature des sols et leur situation, l'irrigation peut donner aux terres une valeur de cinq à vingt fois plus forte. Le revenu en est au moins doublé, pour les meilleures prairies naturelles ; pour les céréales, comme pour certaines autres cultures, elle permet d'échelonner deux récoltes différentes dans une même année. On comprend donc toute la portée qu'aurait la généralisation de ce procédé.

Aussi ne faut-il pas s'étonner si l'attention des gouvernements et du pays a été souvent appelée sur les immenses résultats à attendre d'un meilleur régime des eaux, en vue de l'amélioration de la fortune publique. Les conseils généraux de l'agriculture, du commerce, des manufactures exprimaient, dès leurs sessions de 1845 à 1846, les vœux les plus pressants. Un grand nombre de conseils départementaux ont également demandé la création de canaux d'arrosage. Durant les vingt dernières années, les réclamations, les appels de tous les corps constitués, de tous les hommes dévoués à l'agriculture se sont manifestés avec la même énergie. Que n'a-t-on pas proposé ? On a insisté pour que l'État fît des avances de fonds, sauf à se rembourser par des redevances annuelles, ou bien qu'il concourût, par de larges allocations, aux dépenses d'étude et d'exécution des travaux ; quelques-uns ont suggéré que l'État devait intervenir pour la moitié au moins de la dépense. En des contrées où des entreprises particulières se sont formées, d'autres ont sollicité du gouvernement, comme seul moyen de succès, ou « d'équitables subventions » ou « une garantie d'intérêt. » L'ouverture d'écoles d'irrigation et de drainage dans tous les départements a, enfin, été mise en avant.

Ces manifestations réitérées trahissent, d'une manière éclatante, les préoccupations de l'opinion publique. L'application de l'irrigation, sur tous les points du territoire, est vivement désirée. Il est certain qu'outre ses résultats immédiats, elle serait, pour l'avenir de la production, le point de départ d'une ère de prospérité, de richesse dont les bienfaits peuvent être regardés comme infinis. A mesure, en effet, que se révèleraient de nouveaux besoins, les perfectionnements agricoles étendraient de plus en plus leurs limites. Des parties importantes du territoire sont laissées improductives, ou frappées de stérilité ; elles seraient successivement rendues fertiles. L'homme serait de la sorte toujours incité à de nouvelles conquêtes.

CHAPITRE VII

LE DRAINAGE

En parlant de la puissance fertilisante des eaux, nous avons fait observer qu'autant la présence d'une certaine dose de fraîcheur est indispensable à la végétation des plantes cultivées, autant l'humidité habituelle, permanente leur est nuisible. L'effet des eaux, avons-nous dit, doit être combiné avec celui de la chaleur; pour que la végétation poursuive efficacement, régulièrement toutes ses évolutions, il faut que l'air, la lumière, l'eau puissent tour à tour lui fournir, par les éléments fécondants qu'ils contiennent, la nourriture, la vie. Les végétaux ont leurs organes nutritifs : les racines puisent dans le sol les sucs nécessaires à la formation de la sève ; les feuilles elles-mêmes aspirent, par leurs pores invisibles, les substances actives dont elles ont besoin et dont l'air est pourvu. Un sol desséché, qui ne sera point rendu propre à la culture par l'engrais et l'eau, ne produira rien ; s'il est, au contraire, envahi par une humidité persistante, il ne produira que des herbes mauvaises, et demeurera réfractaire à toute culture utile : la semence qui y sera jetée ne germinera point, ou du moins n'arrivera jamais à parfaite fructification.

L'humidité des terres, due à l'imperméabilité des sous-sols, doit donc être évitée, partout où elle est excessive. De là a pris naissance la nécessité du drainage. Ce procédé d'assainissement, dont les modes d'application, comme pour l'irrigation, étaient mis en usage dès l'antiquité, d'une manière rudimentaire, il est vrai, est présentement fondé sur des règles précises ; il est assez connu pour qu'il ne soit pas besoin d'entrer, à son égard, en des explications techniques. Comme pour l'irrigation, il est à regretter que son adoption ne soit pas plus générale.

En Angleterre, la vulgarisation des pratiques du drainage a été beaucoup plus prompte ; elle y a été comme le signal d'une véritable rénovation agricole. C'est en 1846 que commença ce mouvement remarquable ; dès le début, il suscita un enthousiasme qui ne s'est pas encore éteint. Tous les grands propriétaires voulurent y prendre part. Le gouvernement intervint, en faisant des avances considérables : le chiffre des sommes ainsi payées, par le trésor anglais, au compte des agronomes s'est élevée à plus de 100 millions. Des sociétés, en outre, s'étaient constituées spontanément, pour aider au développement du drainage; leur action a été si persévérante, qu'à l'heure qu'il est elles ont prêté à la propriété environ 150 millions, en grande partie remboursés. Aussi, les superficies drainées embrassent-elles déjà plus de 600,000 hectares. Il reste encore sans doute, en Angleterre, environ 8 millions d'hectares à assainir; mais l'esprit d'entreprise, comme on sait, y est extrêmement vivace; il n'est pas à craindre que nos voisins d'outre-Manche s'arrêtent dans la voie où ils sont entrés avec tant d'ardeur.

Malheureusement, en France, l'initiative et l'énergie ont fait défaut. Vainement on y a prodigué tout ce qui pouvait être de nature à favoriser l'extension des drainages : le gouvernement, les conseils généraux, les administrations départementales, les sociétés d'agriculture ont rivalisé de zèle; par leurs soins, des machines ont été établies, dans beaucoup de localités, pour la confection de tuyaux à prix réduits; des subventions ont été affectées à des fournitures gratuites de drains; les ingénieurs de l'État ont été mis à la disposition des propriétaires; des prêts ont été offerts à ceux qu'aurait pu tenter le désir de réaliser des améliorations dont, avec les garanties qui les entouraient, les éventualités ne pouvaient être que fort séduisantes; enfin, l'intérêt privé, l'intérêt industriel, qui se montre partout où la spéculation est possible, s'est lui-même mêlé de l'affaire : quelques entreprises spéciales se sont organisées, en vue d'assurer l'exécution, à des conditions déterminées d'avance et généralement avantageuses, des travaux que les tenanciers n'eussent pas osé essayer à leurs risques et périls. Rien n'y a fait : à peine, aujourd'hui, les drainages opérés embrassent-ils 180,000 hectares (1), tandis qu'on peut porter approximativement à 4

(1) « Au 1er janvier 1865, la superficie totale des terrains drainés attei-
« gnait 179,000 hectares; on estimait à 47 millions environ la somme dé-

ou 5 millions d'hectares au moins les surfaces à drainer. Les résultats obtenus, tout favorables qu'ils soient, sont donc d'une évidente insuffisance.

CHAPITRE VIII

LES DESSÈCHEMENTS

L'assainissement des terres humides et l'accélération de la fécondité du sol par l'irrigation constitueraient, à eux seuls, un progrès d'une portée immense pour l'avenir de l'agriculture française. Mais il ne s'agit là que de la portion du territoire déjà cultivée. Il y a, en dehors, de vastes surfaces de pays laissées sans culture. Citons particulièrement les marais.

D'après les statistiques officielles, 205,154 hectares de marais seraient susceptibles d'être desséchés.

Ce chiffre, par lui-même, est important; il le serait bien davantage encore, si l'on y comptait les terrains simplement marécageux, qui, sans occuper partiellement de grandes superficies, formeraient, s'ils étaient groupés, un total assez notable.

Joignons-y, enfin, un certain nombre d'étangs, sans utilité réelle, dont l'existence, dans quelques contrées, n'a pour unique effet que d'y créer des foyers de miasmes délétères, et partant de fièvres paludéennes, fléau destructeur des populations.

Certes, le dessèchement et la mise en rapport de tous ces sols improductifs augmenteraient le bien-être général dans des proportions sensibles.

Et ce qui, d'ailleurs, prouve quelle large carrière est offerte encore à l'esprit d'entreprise à cet égard, c'est la somme même des opérations accomplies récemment, et qui sont loin d'avoir

---

« pensée pour ce travail, et la plus-value était évaluée à 145 millions en « capital et 12 millions en revenu. La superficie drainée paraît s'accroître « en moyenne d'un dixième environ par an. »

(*Exposé de la situation de l'Empire*, janvier 1866, p. 98.)

répondu aux nécessités les plus évidentes. En effet, « les travaux « de dessèchement et d'assainissement en cours d'exécution, au « 31 décembre 1864, s'étendaient à une surface de 82,000 hec- « tares. Cette surface s'est accrue, pendant l'année 1865, de 75,000 « hectares, et s'est trouvée ainsi portée à 157,000 hectares, sur « lesquels les travaux sont terminés ou se poursuivent encore. « Ces diverses opérations doivent entraîner une dépense totale « de 7 millions de francs, sur lesquels 5 millions de francs étaient « dépensés à la fin de 1865.

« De nouveaux projets ont en outre été mis à l'étude. Dans « leur ensemble, ils intéressent près de 200,000 hectares, dont « l'amélioration coûterait 34 millions environ. Ces indications « sommaires donnent la mesure de l'importance de ce genre de « travaux, qui doivent exercer une utile influence sur le progrès « de la richesse et de la salubrité publiques (1). »

La déclaration officielle que je viens de transcrire est éloquente. Relativement au passé, l'avenir a une belle part dans les améliorations que comporte, que réclame l'assainissement de notre sol. On reconnaîtra, avec nous, que l'époque de leur réalisation ne saurait jamais être trop prochaine.

CHAPITRE IX

POURQUOI LES IRRIGATIONS, LE DRAINAGE ET LES DESSÈCHEMENTS NE SE SONT PAS GÉNÉRALISÉS EN FRANCE

Jusqu'ici, nous l'avons vu, il n'a été fait usage qu'isolément et par de timides tentatives des moyens les plus puissants que possède l'agriculture pour accroître ses richesses. Bien des causes y ont concouru. Le morcellement ou, pour parler plus exactement, l'extrême division de la propriété n'est pas l'une des moindres.

Que les grands tenanciers aient pu profiter des avantages que la loi leur présente sous ce rapport, cela n'est point douteux ;

---

(1) Dernier *Exposé de la situation de l'Empire*, page 99.

mais les détenteurs de la moyenne et de la petite propriétés ne se sont pas trouvés dans les mêmes conditions.

On comprend, en effet, qu'une grande propriété, située le long d'une rivière non navigable, en emprunte les eaux pour les employer à l'irrigation, sauf à les rendre à leur cours, après s'en être servie, sans créer de servitude aux terrains voisins : l'article 644 du Code Napoléon confère, à cet égard, un droit confirmé par la législation spéciale. Le petit propriétaire est forcé de s'abstenir de la faculté qui lui est accordée : il ne pourrait introduire chez lui, à part quelques exceptions fort rares, et dans ce cas même sans portée, une portion quelconque des eaux vives qui l'avoisinent, sans ouvrir à la propriété d'autrui des sujétions préjudiciables.

Pour le drainage, les opérations sont quelquefois dispendieuses. Le grand propriétaire a des avances ; il est en général éclairé sur ses véritables intérêts ; quoi qu'il doive lui en coûter, s'il est réellement intelligent, il fera assainir les pièces de son domaine qui en auront besoin : il sera sûr, d'avance, de récupérer ses débours. Le simple cultivateur sera effrayé du chiffre de la dépense. Il a vu des essais faits autour de lui ; ils n'ont pas tous réussi. Ces exemples, car il se gardera bien de regarder aux autres, ne lui inspirent que de l'appréhension : il n'ose pas se risquer dans une expérience dont les résultats pour lui ne sont pas palpables.

Que le drainage et les irrigations, malgré tous les encouragements dont ils ont été l'objet, aient si peu prospéré en France, il ne faut donc s'en étonner qu'à demi. Pourquoi ne pas le dire aussi? d'amères déceptions, à l'endroit de la dépense, ont été le lot de la plupart de ceux qui, les premiers, ont voulu se livrer à ces pratiques, pourtant excellentes, répétons-le ; bien exécutées, elles tiennent, le plus souvent, au-delà de leurs promesses. C'est que les moyens d'exécution à bon marché ont manqué : les frais de main-d'œuvre ont été presque partout exagérés ; pour le drainage en particulier, les tuyaux livrés, même ceux fournis par les machines concédées gratuitement, se trouvaient cotés trop haut pour être accessibles à tous. Enfin, et c'est là surtout le point de départ des défaillances les plus nombreuses qui ont suivi les premières épreuves, un personnel spécial, expérimenté, dressé dans cette sorte particulière de travaux a, ou à peu près, absolument manqué.

En ce qui touche les irrigations, les difficultés se compliquent. Ici, en dehors du droit qui appartient à tout propriétaire d'attirer chez soi au passage les eaux courantes, aucun projet d'ensemble ne peut être entrepris qu'avec le concours de tous les intéressés. Est-il question de creuser un canal qui, portant les eaux sur une étendue quelconque de propriétés inférieures, en décuplerait le produit et la valeur? Quelque facile que soit, sur le terrain, l'exécution de ce projet, il est indispensable que tous les détenteurs du sol à arroser, réunis en association syndicale, y consentent formellement, et s'obligent cumulativement, chacun dans la proportion de son intérêt personnel, à faire face à la dépense. Le refus de quelques-uns suffit pour paralyser la volonté de tous les autres. La législation sur la matière, la dernière loi même du 21 juin 1865 ne permettent pas à la commission syndicale, à moins qu'il ne s'agisse d'un projet mis à exécution aux frais de l'État, de provoquer l'expropriation. Puis, l'organisation des associations n'est réglée que d'une manière incomplète; leurs attributions ne sont qu'insuffisamment définies. Comment leur fonctionnement serait-il bien assuré?

D'un autre côté, admettons même que la constitution des associations syndicales ne fût pas entravée par ces premiers obstacles ; l'incertitude de la dépense qu'elles pourront avoir à supporter, que le projet soit ou non suivi des résultats qu'on en espère, n'est-elle pas de nature à les arrêter dans la voie de la confiance? Les frais sont évalués d'avance ; le montant n'en sera-t-il pas dépassé, doublé peut-être? Le canal à établir fournira-t-il le débit d'eau calculé et promis? Des mécomptes sont possibles. On peut perdre, sans profit aucun, même sans compensation, un capital important. Les travaux commencés, il n'est pas certain qu'ils soient terminés. Si tous les sacrifices exposés allaient être perdus! Cela s'est vu parfois, et ces exemples n'ont vraiment pas de quoi encourager à se lancer dans les aventures.

Assurément, le législateur s'est montré d'une grande libéralité. En mettant les ingénieurs de l'État à la disposition de l'agriculture, pour l'étude, la préparation et l'exécution des travaux d'irrigation et de drainage, il a fait beaucoup : le service par lui rendu à la propriété est immense. La confiance accordée aux ponts-et-chaussées était de toute manière parfaitement justifiée. Il n'en coûte à personne d'apprécier et de proclamer hautement le talent, le dévouement, l'incontestable mérite d'un corps dont les membres sont recrutés dans une école qui n'a pas de rivale dans le monde ; ne compte-t-on pas parmi les ingénieurs qu'elle a produits la majorité des esprits les plus distingués, les plus éminents de ce temps-ci ? Je n'hésite pas à penser que si, dans les conditions actuelles, le développement rationnel du draînage et de l'irrigation eût été possible, il l'eût été surtout par le concours d'hommes aussi instruits, aussi éclairés.

Malheureusement, je l'ai déjà indiqué, le vice est ailleurs. Pour que le succès eût été complet, il eût fallu et que la composition des associations syndicales fût plus aisément praticable, et que la propriété elle-même, plus riche, ne se fût pas trouvée forcée de compter avec ses ressources propres, de marchander les avances que nécessite impérieusement l'exécution, sur une certaine échelle, de tous travaux ayant pour but l'assèchement ou l'arrosage. Ne le dissimulons pas : en général, les projets de distribution des eaux qu'ont vu naître la plupart des époques précédentes se sont soldés par des chiffres imposants. Je me donnerai de garde, j'insiste sur ce point, d'accuser le désintéressement de MM. les ingénieurs : il est au-dessus de tout soupçon. La question d'intérêt n'est pour rien dans ce fait. Il serait certainement plus exact de l'attribuer au souci, prédominant chez ces honorables fonctionnaires, d'accomplir consciencieusement et dans toutes les règles de l'art la mission, en quelque sorte discrétionnaire, dont ils sont chargés. Voilà pourquoi, sans doute, ils s'attachent moins à l'économie. Aucune difficulté ne doit les arrêter ; il y a pour eux toujours de la gloire à en triompher. Comme un haut fait illustre le soldat sur le champ de bataille, un obstacle vaincu est un titre d'honneur pour l'ingénieur. L'argent, à ses yeux, n'a de valeur que par la puissance du levier qu'il lui permet de mouvoir : créer des merveilles, si l'occasion lui en est donnée, tel est son but, son rôle, sa vie ; tout son avenir est attaché à cette éblouissante perspective, et l'on est certain que ni la science, ni l'habileté ne s'y trouveront en défaut.

Quand l'État solde ces magnificences, on ne peut que les admirer et y applaudir. Les travaux gigantesques rehaussent le génie d'une nation ; ils lui donnent un relief dont le témoignage doit passer à la postérité. Mais les entreprises où vont se confondre les épargnes d'un nombre plus ou moins limité de citoyens exigent des proportions moins grandioses. L'imprévu, ici, peut amener de réelles souffrances. Il est essentiel que tout projet offre une sécurité absolue de succès, sans aggravation possible de sacrifices.

Le pays lui-même, par la voix de ses conseils généraux, dont la compétence en ces matières ne saurait être récusée, s'est ému plusieurs fois des exigences de frais exagérés auxquelles, trop souvent, donnent lieu les combinaisons de MM. les ingénieurs. N'est-ce pas dans ce sens qu'il faut interpréter les demandes, si fréquemment renouvelées, de subventions sur les fonds généraux, s'élevant au tiers, à la moitié de la dépense? Il n'y a qu'à ouvrir les *Analyses des vœux*, publiées annuellement, pour être convaincu de l'impuissance où sont les intéressés de rien entreprendre, livrés à leurs propres ressources. Nous pourrions y puiser à pleines mains ; nous ne ferons que quelques citations, à la vérité des plus significatives. Voici des faits, constatés par les conseils généraux. L'institution des ingénieurs hydrauliques n'est acceptée qu'avec circonspection et avec réserves « dans la « crainte que les travaux entrepris sous leur direction n'entraî- « nent trop d'ouvrages d'art et de dépenses (1). » — « La cons- « truction d'un canal est tellement onéreuse, qu'elle attiédit « souvent le zèle des populations appelées à y concourir (2). » — « Les irrigations sont toujours rendues difficiles, souvent « même impossibles par l'exiguïté des ressources dont dispose « en général la propriété (3). » — Avis favorable à l'approbation d'un projet de dérivation du Rhône, « sous toutes réserves cepen- « dant en ce qui concerne l'énormité des dépenses auxquelles « doit donner lieu la réalisation d'une pareille entreprise (4). »

(1) Pyrénées-Orientales, 1849.
(2) Vaucluse, 1858 à 1864, vœu annuellement reproduit.
(3) Hérault, 1859.
(4) Gard, 1859 et 1860.

— Enfin, une autre assemblée départementale (1) a proposé que la réglementation du drainage fût « révisée en ce sens que, tout « en conservant les garanties nécessaires à l'État, elle laisse les « propriétaires abandonnés à leur spontanéité et à l'intelligence « pratique de leurs intérêts, et ne fasse pas de l'intervention « des agents de l'État une condition obligatoire, mais seulement « facultative...... »

Ce sont là des observations sérieuses ; elles méritent qu'il en soit tenu compte. S'il est démontré que les irrigations et le drainage sont compatibles avec des conditions meilleures et plus profitables à tous les intérêts du pays, pourquoi ne pas renoncer à des errements qui ont, il est vrai, aidé à l'expansion de la fortune publique, mais dont le temps est passé ?

Quant aux dessèchements, dont nous avons aussi à parler, il est à remarquer que, le plus fréquemment, les marais auxquels ils devraient être appliqués appartiennent ou à des communes, ou à des particuliers, à l'état de propriétés indivises.

Rarement, les communes jouissent de revenus surabondants; elles sont habituellement riches quand elles peuvent, sans recourir aux impôts extraordinaires, parer à toutes leurs charges obligatoires et facultatives. Comment pourvoiraient-elles à des travaux, dispendieux dans tous les cas, et qui, au sens de la plupart des dispensateurs des deniers municipaux, ne se traduiraient que par une dépense sèche ?

Pour les propriétaires du sol occupé par des marais, généralement ils ne reconnaissent pas davantage l'intérêt qu'ils auraient à l'étancher, à le couvrir de cultures; il leur faudrait, tout compte fait, s'imposer des sacrifices. Leur parti est pris ; ils préfèrent attendre, comme ont fait leurs devanciers.

Si quelques assainissements projetés en faveur des marais ou des sols ordinaires rencontrent moins d'inertie, comme l'indiquent les renseignements consignés ci-dessus (2), c'est uniquement lorsque l'État, ou à sa place des compagnies subventionnées, se chargent de l'execution, sans tirer les intéressés de

(1) Cher, 1862.
(2) Page 39.

leur apathique somnolence : alors ceux-ci se réveillent pour recueillir les profits d'une entreprise souvent menée à bien contre leur gré, et à laquelle même, parfois, ils ont été hostiles.

CHAPITRE X

RESSOURCES HYDRAULIQUES

L'eau, comme nous l'avons dit, est indispensable à la fécondation de la terre. La mer en est la principale pourvoyeuse ; elle la rend, sous forme de pluie, de vapeurs ou de neige, à mesure que la lui ramènent les fleuves, les rivières. L'eau tombe périodiquement, je pourrais presque dire incessamment, sur les divers points de la surface du globe ; l'atmosphère et la terre en contiennent toujours plus ou moins. L'équilibre, à cet égard, est fondé sur des lois, fixes en quelque sorte, dont l'inaccomplissement, même pour un temps limité, déterminerait les plus épouvantables catastrophes.

Absorbée en partie, au moment de son émission de l'atmosphère, par le sol qui la reçoit, l'eau y pénètre, l'imprègne, s'y crée des issues en raison de la perméabilité des particules avec lesquelles elle est mise en contact, et suit les pentes qui l'attirent ; d'autre part, repoussée, à la fois, par la force centrifuge et les couches imperméables qui l'empêchent de dépasser une certaine profondeur de la couche terrestre, elle est tenue comme en suspens à travers les stratifications qui lui livrent passage, jusqu'à ce que, de nouveau remontée à la surface du sol, grâce à son propre niveau, à sa force d'impulsion, à la capillarité des terrains, elle puisse, en un lieu quelconque d'émergence, ou trouver ou se creuser, à ciel ouvert, un lit qui la reconduise à la mer, son lieu d'origine. C'est ainsi que se forment les sources (1).

---

(1) On comprend que nous ne parlons ici que des sources ordinaires, ou froides ; les sources thermales, étrangères à notre sujet, sont celles qui parviennent le plus avant dans les entrailles de la terre.

L'existence du nombre infini de nappes souterraines qui constituent comme le système artériel ou plutôt veineux de la terre, et qui souvent, avant d'apparaître au jour, parcourent d'immenses distances, s'explique par les mêmes phénomènes.

Les eaux de sources provenant des montagnes ou des surfaces élevées sont celles dont nous usons le plus habituellement. Si elles étaient rationnellement aménagées, elles fourniraient un approvisionnement double au moins de celui qu'elles forment aujourd'hui. Leur débit émergeant pourrait de beaucoup être augmenté par des forages artésiens.

Ces forages ne présentent plus les difficultés qui, dans le passé, en ont fréquemment fait repousser l'usage. Les procédés jadis employés ont été simplifiés. S'il fallait s'aventurer à l'éventualité de dépenses aussi exorbitantes que celles devant lesquelles n'a pas reculé la ville de Paris, quand il s'est agi des coûteuses créations de Grenelle et de Passy, on comprendrait que la prudence suffît à interdire toute imitation. Mais les conditions actuelles sont bien autrement favorables. Les eaux souterraines, même jaillissantes, se rencontrent, le plus souvent, à de moindres profondeurs que celles qui alimentent les deux grands établissements qui viennent d'être cités : témoins les puits artésiens nombreux creusés, durant ces dernières années notamment, au compte de plusieurs compagnies de chemins de fer ou d'autres importantes entreprises (1). Dans les diverses contrées de la France, les captages d'eaux par ce procédé ont entièrement réussi ; pas une seule tentative, poursuivie avec persévérance, n'a éprouvé d'échec. Dans la plupart des cas, les dépenses ont été très restreintes, en regard des débits obtenus. La question de l'avenir des puits artésiens peut donc, dès maintenant, être considérée comme définitivement jugée. J'ajouterai d'ailleurs que, de fort utiles améliorations dans les modes de forage ayant été déjà acquises, bien d'autres le seraient vite,

(1) Le puits artésien de Grenelle, l'un des plus profonds de France, présente un forage de 547 mètres. Il existe, notamment en Artois, dans le Nord et dans quelques départements du Midi, des puits du même genre qui ne dépassent pas une profondeur de 70 à 80 mètres.

assurément, si les recherches de nouveaux perfectionnements étaient stimulées, encouragées.

Les eaux surgissant à la surface du sol fournissent, évidemment, les quantités les plus certaines. Mais, à côté des eaux courantes, il est d'autres ressources qui, bien que plus aléatoires peut-être, ne laisseraient pas que de constituer des quantités sans doute aussi abondantes.

En premier lieu, je placerai les canaux de navigation. Leur débit est d'habitude calculé d'après les besoins reconnus. La plupart, toutefois, ont des excédants d'alimentation qui, tout limités qu'ils soient, vus isolément, formeraient, pris en masse, de notables contingents. Ces excédants, d'ailleurs, grossissent aux moindres crues.

En second lieu, viennent les eaux laissées sans emploi à leur sortie des villes pourvues d'établissements hydrauliques. Les plus modiques résultats ne doivent pas être négligés ; leur reproduction sur un certain nombre de points leur a bientôt assigné au total une réelle valeur.

Il n'est pas jusqu'aux eaux pluviales qui ne soient, comme les résidus dont je viens de parler, susceptibles d'être recueillies, emmagasinées. La construction de tranchées ou de bassins aux points initiaux et au besoin le long des vallées, formant les collecteurs de drainages opérés sur des surfaces plus ou moins spacieuses, ou réunissant les eaux d'infiltration ou d'écoulement des plans supérieurs voisins, permettrait de mettre et de tenir en réserve, pour les employer aux époques opportunes, d'immenses quantités d'eau qui, émises avec trop de violence lors de leur chute, et n'étant pas arrêtées dans leur course impétueuse, sèment aujourd'hui, partout où elles passent, le ravage, la désolation. Ces tranchées d'emmagasinement, outre leurs effets préventifs des inondations, suppléeraient, dans bien des cas, au défaut d'eaux courantes superficielles.

Quant aux possibilités pratiques de leur exécution et à la certitude de leur efficacité, elles ne sont pas déniables. N'y eût-il que les exemples des bassins artificiels créés par Riquet à St-Ferréol, auxquels est due l'alimentation du canal du Languedoc, ou de ceux qui, en plusieurs autres contrées de la France, ont été creusés pour l'approvisionnement d'eau de villes même importantes ; n'y eût-il que les études faites, au moment où j'écris, d'un projet de réservoirs à construire, dans la partie supérieure de la vallée de la Neste (Hautes-Pyrénées), afin d'y emmagasiner les eaux nécessaires à l'alimentation d'un canal de distribution pendant la saison des sécheresses (1) ; n'y eût-il, enfin, dans un autre genre, que les barrages nombreux qui, en Algérie, servent à l'arrosage de vastes plaines, et dont une puissante entreprise (2) se propose de préparer la multiplication, il n'y aurait à craindre aucune contradiction, au sujet d'un mode de retenue des eaux qui, depuis longtemps, a déjà fait ses preuves. Je citerai, pourtant, une autre de ces applications, peut-être plus probante encore ; j'irai, il est vrai, la chercher loin de nous.

L'exploitation des gisements aurifères en Californie, le fait est connu de tous, a lieu surtout par les lavages : l'eau, en désagrégeant les diverses parties du minerai, met les pépites à nu. Les sécheresses, dans ce pays, sont bien autrement fréquentes et intenses qu'en Europe. Or les mines ne sauraient se passer d'eau, même transitoirement. Il fallait donc, de toute nécessité, pourvoir à régulariser, par des moyens humains, l'action capricieuse de la nature. C'était une œuvre colossale. Une compagnie, fondée sous le nom de *Eureka Lake Water Company*, n'hésita pas à l'entreprendre. Il s'agissait de créer des lacs artificiels, où devaient s'épancher les eaux produites par la fonte des neiges ; elles seraient seulement utilisées pendant la sécheresse. Les montagnes de la Sierra-Nevada ont été prises pour centre de l'opération. Douze barrages y retiennent les eaux de l'hiver prisonnières ; les lacs couvrent une étendue totale de 1,050 hectares. Un grand canal (*Main Ditch*) les met en communication avec les placers. Sur le parcours du canal principal, de nombreux et superbes aqueducs soutiennent sa cuvette ; il en est qui atteignent jusqu'à 41 mètres de hauteur. La longueur totale du *Main Ditch* est de 113 kilomètres. Arrivé sur le plateau des mines, il alimente une foule de réservoirs et de canaux secon-

(1) Voir l'*Exposé de la situation de l'Empire*, janvier 1866, page 101.

(2) La Société Algérienne.

daires, qui complètent la répartition des eaux. Ce dernier réseau offre un développement total de 284 kilomètres, et embrasse toutes les exploitations en cours. L'ensemble des travaux a occasionné une dépense d'environ 5 millions 500,000 francs. Il est distribué aux mineurs 168,000 mètres cubes d'eau par jour, durant les fortes chaleurs ; et, pour dernier renseignement, qui ne sera certes pas le moins curieux, la recette annuelle, par suite de la vente des eaux, s'élève à plus de 1 million de francs : environ le cinquième de la dépense totale de construction de ces travaux gigantesques (1).

Sans avoir la prétention de préconiser des projets d'une grandeur pareille, quoique, dans certains cas au moins, des créations analogues fussent sans doute permises, ne peut-on espérer d'être en mesure de les réaliser sur une échelle plus réduite ? Au lieu de ces lacs immenses, des réservoirs pour la retenue soit des eaux dues à la fonte des neiges, soit simplement des eaux pluviales sont praticables, en France, non-seulement au pied des montagnes, mais sur les pentes même des collines, à l'origine et le long de toutes les vallées ; ils sont réalisables, en peu de mots, partout où pourraient être ménagés, dans les dépressions naturelles, de forts barrages destinés à arrêter, à recueillir, après les pluies, les eaux tombées sur les surfaces supérieures correspondantes. Le nombre de ces bassins suppléerait à la modestie relative de leurs dimensions ; leur utilité n'en serait pas moindre.

Enfin, laissons entrer en ligne de compte les eaux provenant, tant des drainages opérés sur de grandes étendues, que des dessèchements déjà exécutés ou réservés à l'avenir, et qui seraient facilement dirigées dans des canaux de distribution ; on conviendra que des quantités très appréciables de cette substance pourraient être réunies dans une infinité de localités qui en sont privées. En les répartissant ensuite selon les pentes mêmes qu'offriraient les terrains situés sur les plans inférieurs, ne serait-on pas en position de les consacrer à une foule d'usages, dans l'intérêt général du pays ?...

---

(1) Rapport de M. P. Laur, ingénieur des mines, sur la production des métaux précieux en Californie. (*Moniteur universel* du 7 février 1862, p. 158.)

TROISIÈME PARTIE

TRANSFORMATION DE LA SITUATION ÉCONOMIQUE

CHAPITRE XI

EXPOSITION DU SYSTÈME

J'ai résumé, au chapitre III, les progrès qu'exige la situation économique ; j'en ai ensuite déduit cinq propositions, dont les solutions sont indispensables en présence des besoins constatés. Ces solutions, je me demandais si elles étaient pratiques, c'est-à-dire compatibles avec les forces dont la nature et la science disposent aujourd'hui.

Les notions hydrologiques qui précèdent me paraissent avoir déjà contribué grandement à élucider ce point. Nous avons vu, en effet, la puissance fertilisante des eaux, et la possibilité de trouver partout des quantités plus ou moins importantes de cet élément de fécondation; nous avons vu, en outre, les bienfaits qui seraient comme les résultantes infaillibles des pratiques relatives aux irrigations, au drainage, aux dessèchements, là où elles n'ont pas encore pénétré, combien ces modes d'amélioration sont désirés et désirables, et les motifs qui en ont empêché la diffusion ; nous avons vu, enfin, en quoi consistent les ressources hydrauliques de toute sorte et par quels moyens serait obtenue l'accumulation, aux diverses altitudes, d'amas d'eau utilisables.

Des masses aquifères séjournent au sein de la terre qui les a recélées, ou s'écoulent librement à sa surface; la majeure partie reste sans profit pour la végétation culturale. Pourquoi leur distribution naturelle, modifiée par les données scientifiques, ne serait-elle pas effectuée dans un sens propice à l'augmentation de la production générale? Combien de lacs, de rivières, de torrents dont les eaux sont perdues ! Ne fût-il tiré, dans leur cours, qu'un parti restreint de leur proximité, que de services à en obtenir ! Mais, si on s'en emparait dès leur formation originelle, si on les divisait dans le sens des plus longs trajets ; si, dans les lignes qui leur seraient tracées, on étendait leur réseau, en les alimentant des eaux souterraines ; si on y ajoutait les eaux des pluies, des fontes de neige, des orages ; si on y réunissait les excédants des canaux de navigation, les eaux demeurant sans emploi à la sortie des villes, etc., etc. ; si, aménagées de la sorte, on les faisait concourir, comme agents de fertilisation à l'accélération de la production foncière, comme moteurs à bon marché à la création de nouvelles industries rurales, quels magnifiques horizons ouverts à la prospérité publique ! quel accroissement subit de richesses !

Il est aisé, après tout ce que nous avons déjà dit, de concevoir l'influence décisive, immense qu'exercerait une pareille répartition des eaux sur toutes les branches de l'activité sociale : nous le montrerons bientôt avec plus de développements, l'extension des prairies surtout, cette base essentielle des agricultures perfectionnées, ne serait plus un *desideratum* chimérique... Et, quant à cette nouvelle répartition des eaux, dans les conditions rationnelles où nous désirerions l'amener, n'est-il pas évident qu'elle est rendue, non-seulement pratique, mais même facile, au moyen des divers procédés de captage, de création en quelque sorte de ressources hydrauliques que nous avons indiqués, dans tous les lieux où l'on voudrait les réunir, les masser, si je puis me servir de ce mot, pour les destiner aux plus utiles emplois? Il semble qu'aucun doute ne peut, à ce sujet, être resté dans les esprits.

Ainsi, d'après nos vues, l'irrigation serait applicable à toutes les surfaces arrosables de la France, par des canaux de dérivation empruntant les eaux superficielles disponibles, ou celles ramenées à la surface du sol au trou de sonde, ou recueillies dans des bassins ou réservoirs de retenue, creusés aux flancs des montagnes ou des collines ; les opérations du drainage seraient accessibles à toutes les parties malsaines de la propriété foncière, par des travaux d'étanchement opérés à des conditions avantageuses à tous les intérêts ; l'exécution du dessèchement des terrains humides ou des marais existants et leur mise en culture, enfin, deviendraient une nécessité impérieuse, devant laquelle, très certainement, disparaîtraient toutes les résistances.

La généralisation rapide, successivement poursuivie sans relâche des irrigations, du drainage et des dessèchements, à la faveur de l'exécution de grands projets d'ensemble, se reliant entre eux, se complétant réciproquement, substitués aux entreprises partielles, isolées et dont les résultats sont insensibles en raison même de leur éparpillement et de la lenteur de leur action, tel est donc le point de départ des progrès encore indispensables.

Or tel est, on l'a déjà compris, le système dont, selon nous, l'adoption assurerait tout naturellement, par la force même des choses, la transformation économique du pays.

La constitution orographique, en France du moins, favorise l'accomplissement d'une œuvre en apparence si complexe. Les grandes vallées, en effet, sont généralement tournées vers les longs parcours. La répartition des eaux, en somme, y est déjà dans des conditions qui éloignent les obstacles. Les modifications commandées par un nouveau régime hydraulique n'y seraient pas absolument en désaccord avec la conservation des intérêts, des droits préexistants. Il ne s'agirait, en réalité, que de mieux régler l'utilisation des eaux dont l'action est nuisible, de multiplier, en quelque sorte, celles qui proviennent des courants naturels; de profiter, en définitive, de toutes les ressources aquifères disponibles, et de les distribuer, de les répandre, les redemandant incessamment aux sous-sols à mesure de leur infiltration, de leur disparition, accrues à leur passage de contingents sans cesse renouvelés, pour les diriger, les guider de la sorte, sans déperdition presque, depuis leurs divers points d'émergence jusqu'à leur embouchure dans les mers.

Naturellement, les excédants des eaux, après leur trajet sur toutes les lignes des réservoirs, des canaux, rigoles ou filioles d'irrigation, d'assèchement ou de drainage, seraient ramenés soit dans les cours d'eau d'origine, soit dans des canaux collecteurs ou des bassins *ad hoc;* de là, ils reprendraient leur course, pour porter sur d'autres terrains leurs vertus fécondantes. Qu'on se figure un vaste ensemble de plans isolés, mais ayant entre eux, grâce aux diverses natures de travaux, des points de contact, ou plutôt de *successivité*, s'il est permis d'employer cette expression; que, par la pensée, on crée, sur les lignes de faîte des plateaux secondaires, sur les pentes des coteaux, comme dans les plaines, de nombreux réseaux où la volonté, le besoin trouvent de l'eau en volume suffisant, ne fût-ce qu'aux temps de sécheresse. L'on aura une idée de ce que serait l'application, sur le terrain, de la méthode que nous indiquons.

De cette manière serait rempli le vœu exprimé par un agronome éminent (1), d'après lequel il faudrait, pour que l'agriculture fût à son apogée, que pas une goutte d'eau ne parvînt à l'Océan, sans avoir été utilement employée sur tout son parcours.

On s'explique donc comment, dans les nouvelles conditions où serait placée la France, par la mise en fonction du système qui vient d'être précisé, l'avènement des progrès que sollicite la situation économique se trouverait transporté du domaine de la spéculation dans celui des faits.

Rendons cette démonstration plus positive encore.

CHAPITRE XII

RÉSULTATS ÉCONOMIQUES A OBTENIR

L'étendue totale du pré fauchable de la France (2) se compose ainsi qu'il suit: Prairies naturelles, 5 millions 057,232 hectares; prairies artificielles, 2 millions 563,490 hectares. Ensemble: 7 millions 620,722 hectares.

La valeur de la production annuelle en foin est estimée, savoir: pour les prairies naturelles, 606 millions 408,213 francs; pour les prairies artificielles, 360 millions 168, 114 francs. — Total: 966 millions 576,327 francs.

---

(1) M. de Gasparin.

(2) Les deux groupes de chiffres qui suivent sont tirés de la *Statistique agricole*, 2e partie, pages 408 et 409.

Si, comme nous l'avons indiqué (1), 7 millions et demi d'hectares environ pouvaient être convertis subitement en prairies permanentes, en supplément au pré fauchable, qui embrasse à peu près la même superficie, la production des fourrages, du fumier de ferme, du blé et de la viande de boucherie serait doublée. Comme conséquence, ce serait déjà une véritable révolution dans la fortune et l'alimentation publiques.

Mais supposons l'accélération de la fécondité des prairies, par l'arrosage des 15 millions d'hectares qui, dès lors, y seraient exclusivement affectés. En admettant comme produit moyen 35 quintaux métriques 33 kilogrammes par hectare, et certes ce chiffre, résultant lui-même des évaluations officielles, est de beaucoup au-dessous plutôt qu'au-dessus de la vérité, ces 15 millions d'hectares donneraient, par année, 529 millions 950,000 quintaux métriques de foin. A raison de 4 fr. 35 c. (2) en moyenne le quintal métrique, cette quantité représenterait une somme annuelle de 2 milliards 305 millions 272,500 francs.

Et si l'on tient compte des plus-values, variant, il faut le répéter, entre une et vingt fois l'estimation vénale originelle, qui seraient réalisées sur les terrains ainsi transformés, on peut largement porter à 10 milliards au moins le capital dont serait accrue la fortune immobilière. C'est, en effet, être très modéré que de n'évaluer qu'à 700 fr. environ l'augmentation de valeur de chaque hectare soumis aux arrosages : les expériences les plus défavorables ont dépassé cette fixation. On ne nous accusera donc pas d'exagérer volontairement nos aperçus.

D'ailleurs, pour mieux éviter encore ce reproche, descendons aux proportions même les plus modiques.

Sur les 5 millions 057,232 hectares qui sont couverts de prairies naturelles, il n'y a que 1 million 509,990 hectares arrosés (3). Mettons, en comptant les irrigations opérées depuis les dernières statistiques, que l'arrosage comprenne, en totalité, 2 millions

---

(1) Page 15.

(2) Chiffre bien modique, car il représente à peine à peu près la moitié du prix moyen actuel du foin.

(3) *Statistique agricole* citée.

d'hectares. Il resterait encore 3 millions d'hectares à irriguer des prairies actuellement existantes. Or ces 3 millions d'hectares produisent aujourd'hui, d'après le document déjà cité, 72 millions 780,000 quintaux métriques de foin ; ils en produiraient 105 millions 990,000 après l'irrigation (1). L'augmentation acquise serait de 33 millions 210,000 quintaux métriques. Conséquemment, au prix moyen de 4 fr. 35 c. le quintal métrique, la plus-value se chiffrerait en un revenu annuel de 144 millions 463,500 francs, ou en un accroissement de capital, au denier vingt, de 2 milliards 889 millions 270,000 francs.

N'y eût-il, en dehors des travaux isolément exécutés et de ceux qui le seront d'après les errements suivis jusqu'à ce jour ; n'y eût-il, disons-nous, possibilité d'appliquer notre système que dans ces limites circonscrites, nous pensons que l'œuvre proposée n'en mériterait pas moins d'être entreprise.

Toutefois, nous avons, à dessein, d'abord adopté pour bases des chiffres qui, bien que provenant d'appréciations officielles, peuvent être discutés. Nous voulons éviter toute illusion. Raisonnons maintenant d'après les évaluations les plus rigoureuses.

Il n'y a pas en France, je crois pouvoir l'affirmer avec certitude, de propriété conquise à l'arrosage, dans les conditions les moins avantageuses, qui n'ait dû à l'irrigation une plus-value, en capital, de 1,000 fr., et, en revenu, de 50 fr. à l'hectare. Ces minimâ vont nous servir de moyennes.

Or, suivant les principes de l'agriculture améliorante, le quart du territoire de la France devrait rationnellement être soumis à l'irrigation.

Le quart du territoire n'est pas de 15 millions d'hectares, chiffre plus haut mentionné (2) comme représentant la moitié des terres arables ; il ne comprend que 13 millions 257,044 hectares (3), qui, déduction faite des 2 millions d'hectares supposés

---

(1) En prenant pour base la différence signalée par les statistiques entre la production des prairies arrosées et celle des prairies non soumises à l'irrigation. Cette différence est évidemment erronée. Il n'est personne qui ignore qu'une prairie, par l'arrosage, double au moins son revenu.

(2) Voir page 15.

(3) L'étendue totale du territoire, d'après le cadastre, étant de 53 millions 028,176 hectares.

irrigués, se réduiraient à environ 11 millions d'hectares à faire participer à l'arrosage.

Eh bien ! ces 11 millions d'hectares arrosés donneraient, à raison des plus-values, estimées seulement à 1,000 fr. en capital et à 50 fr. en revenu, une augmentation de capital de 11 milliards et de revenu annuel de 550 millions (1) !

Mais ce n'est là, remarquons-le, que la simple valeur des fourrages devant provenir de l'accroissement des surfaces à changer en prairies. Il importe, en outre, de faire entrer, dans la supputation des bénéfices qui seraient acquis au pays, les plus-values de revenu que lui vaudrait l'élevage du double au moins du nombre des têtes d'animaux domestiques entretenus actuellement sur la propriété foncière. Or le revenu total annuel produit par les animaux domestiques est évalué (2) à 2 milliards 716 millions 500,483 francs !

Au point de vue de l'agriculture proprement dite, on voit quelle amélioration y apporterait la possibilité de nourrir deux fois plus de bétail qu'on n'en élève aujourd'hui. Le commerce du bétail, s'étendant à une augmentation de valeur de plus de deux milliards et demi de francs chaque année, suffirait, à lui seul, à garantir les propriétaires contre l'avilissement du prix des denrées, ou le peu d'abondance des récoltes ; il y aurait là une source intarissable de bénéfices. L'agriculture, par cela même, se verrait à l'abri de l'état de gêne qui, dans les circonstances présentes, lui est trop souvent réservé. De plus, la production générale s'en trouverait activée dans des proportions énormes. Les engrais ne manquant plus, les cultures en blé, comme celles des autres céréales, pourraient être réduites de moitié ; les rendements n'en seraient pas moins supérieurs à ce qu'ils sont. Une plus large part serait faite aux vignes, là où elles prospèrent, leurs produits devant s'ouvrir, par l'influence même de la liberté commerciale, des débouchés rémunérateurs ; les cul-

---

(1) Si nous continuions, pour ces 11 millions d'hectares, les calculs appliqués aux 15 millions d'hectares mentionnés plus haut, nous arriverions à montrer que la plus-value en revenu serait de 1 milliard 690 millions, et en capital au denier vingt de 33 milliards.

(2) *Statistique agricole*, — 2e partie, page 422.

tures industrielles et maraîchères auraient, de leur côté, plus de facilités à pénétrer dans toutes les contrées dont le sol, le climat leur seraient propices. Les déficits annuels que nous avons signalés seraient couverts. L'alimentation publique recevrait les perfectionnements qu'elle comporte. En tout état de choses, les populations rurales, aussi bien que celles des villes, échapperaient aux souffrances qui suivent les crises des subsistances comme les crises financières : l'aisance, le bien-être découleraient de l'abondance de tout et des facilités de la vie, et se trouveraient répandus sur toutes les conditions sociales. Les campagnes ne seraient plus désertées. Les divers intérêts généraux seraient satisfaits. La France ne cesserait pas d'être, avant tout, agricole.

Et, quant à l'industrie, quelles ressources nouvelles ne lui offriraient pas la mise à sa disposition de forces motrices à bon marché et la découverte certaine, par les explorations géologiques qu'entraîneraient les affouillements de sol et les forages artésiens notamment, de gisements métallurgiques ou minéraux qui viendraient augmenter ses richesses !

Il n'est pourtant question, jusqu'ici, que des effets directs de l'irrigation, et qui lui sont exclusifs. On nous concèdera bien, en outre, que la pratique généralisée du drainage comme des dessèchements des marais, portant sur les parties humides du territoire à rendre à de fécondes cultures, ne pourrait qu'étendre le cercle d'irradiation d'aussi incontestables bienfaits. Il serait surabondant, certes, d'entrer, à ce sujet, dans des détails de chiffres ; l'énonciation du fait porte avec elle-même sa justification.

J'ajouterai seulement encore quelques mots au sujet des autres usages que seraient souvent susceptibles de recevoir les eaux réunies sur les divers points par l'application des modes préconisés.

J'imagine qu'il soit possible de donner aux canaux d'irrigation, en quelques parties de leur parcours, une section qui permît le transport, par eau, des engrais et des produits encombrants : quels dédommagements à offrir aux contrées condamnées à rester à jamais privées du bénéfice des voies ferrées !

Pendant la saison d'hiver même, alors que les pluies sont

fréquentes et fournissent de notables excédants d'eaux courantes, le limonage, favorisé par des travaux peu coûteux, ne serait-il pas de nature à constituer artificiellement des couches fertiles aux endroits les plus déshérités? D'une part, en arrêtant soit dans les canaux, soit dans les bassins les débris pierreux, les sables, les graviers issus des corrosions faites par les eaux, on éviterait aux terrains inférieurs l'irruption de ces matières destructives; de l'autre, en y arrêtant les couches d'humus entraînées, on serait en mesure de les délayer ensuite dans les masses de liquide à répandre sur les propriétés arrosées, au grand profit de la végétation. Qui ne connaît la puissance fertitisante obtenue par le colmatage?

Et si l'on pouvait, en certaines contrées du moins, à l'exemple des procédés usités à l'école d'irrigation de Lézardeau (Finistère), aménager les eaux de manière à leur faire enlever, dans les villes et dans les fermes, les déjections et excrétions de toutes sortes, pour les porter ainsi, à l'état de purin, sur les sols arrosés, quelle aide puissante à la fertilisation!

Enfin, notons aussi que l'assainissement d'un grand nombre de villes, de bourgs, de villages gagnerait singulièrement à l'innovation qui mettrait à la portée des populations l'usage d'eaux pures et abondantes : la salubrité publique et l'hygiène privée, dont les lois, par malheur, sont loin d'être en général suffisamment connues et observées, y trouveraient au même degré leur avantage.

CHAPITRE XIII

VOIES ET MOYENS

Toute l'économie du système que nous avons exposé réside dans la rapidité, la promptitude de son exécution. Livrée au cours naturel des choses, la régénération agricole et industrielle ne peut être que l'œuvre lente du temps.

Ainsi que nous l'avons montré, les irrigations, les dessèchements et le drainage rencontrent, dans les conditions actuelles, de grandes, d'inévitables difficultés: l'initiative même des intéressés est paralysée par de nombreux obstacles. Quelle que soit sa bonne volonté, le gouvernement, dans les circonstances ordinaires, ne peut intervenir et n'intervient, en effet, que par voie d'aide et d'encouragement ; tout au plus lui est-il loisible de faire exécuter lui-même des projets d'une extrême urgence, lorsque tout autre recours lui est interdit. Il ne saurait faire plus. On a bien demandé qu'il se chargeât seul et directement de tous les grands travaux d'une utilité générale reconnue. Les dotations inscrites au budget général de l'État, avec cette destination, lui tracent une ligne qu'il ne peut franchir. Les départements seraient-ils plus habiles à prélever sur leurs ressources propres les fonds nécessaires à cette nature de dépenses? Nous ne le croyons pas. A chacun sa sphère d'action. Le gouvernement a sa place marquée dans les régions sereines de la protection, du contrôle. Les assemblées départementales, dont le rôle est purement délibérant, ont sans doute la faculté de s'associer à des projets qui touchent à la prospérité, à l'avenir des contrées qu'elles représentent: elles ont le droit, le devoir même d'en seconder, d'en favoriser la réalisation. Mais pour le Pouvoir, comme pour les conseils généraux, une immixtion d'initiative et d'exécution directe, matérielle, dans tous les cas, est aussi difficile qu'elle serait souvent dangereuse.

Les intérêts privés devraient surtout être aptes à rechercher et à poursuivre les améliorations vraiment désirables et pratiques. Mais, actuellement, ces intérêts sont isolés ; ils ne s'agitent du moins, quand ils empruntent la forme collective, que dans d'étroites régions. Comment, en présence des difficultés dont se hérisse pour eux toute idée d'entreprise, comment oseraient-ils s'aventurer en des éventualités qui leur apparaissent bien plutôt avec leurs périls qu'avec leurs promesses?

L'industrie particulière et localisée peut, il est vrai, se charger de missions de cet ordre. Dans ces derniers temps, en effet, quelques compagnies se sont formées, en France, dans le but d'établir des irrigations, d'opérer des dessèchements; je ne conteste pas qu'elles ne fussent en position de faire étudier très sérieusement les projets en vue desquels elles se sont constituées, d'en combiner tous les éléments de succès, d'en poursuivre l'exécution, d'en assumer la responsabilité ; les concessions dont elles ont été l'objet sont, à ces divers points de vue, de suffisants garants. Mais, d'un autre côté, le nombre de ces compagnies, eu égard à leur importance, est bien peu de chose, rapproché des besoins qui réclament satisfaction. Puis, leur action est toujours très circonscrite. Les tentatives isolées sont soumises à des chances de déception souvent irrémédiables ; et il suffit d'un échec pour les rendre plus timides et plus rares. Je pourrais citer des contrées importantes, et des mieux placées pour se prêter aux irrigations, qui en sont encore déshéritées, à la suite de l'avortement d'un premier projet, dont l'exécution a été compromise par des causes même exceptionnelles... La confiance est difficile à faire renaître. Combien de fois, dans les meilleures choses, un essai mal réussi n'a-t-il pas fait reculer, plutôt que d'en hâter la solution, une question pourtant simple et féconde en grands résultats ! C'est surtout en agriculture qu'ont été souvent remarqués ces défaillances, ces découragements prématurés. Là où un novateur heureux découvrait des mines de richesse, un autre, moins favorisé, engloutissait sa fortune. C'est ainsi, du reste, que le progrès marque son chemin.

Nous sommes convaincu, nous, que la généralisation des irrigations, du drainage et des dessèchements, comme moyen de rénovation agricole et industrielle, n'a, dans l'état présent des esprits et des choses, qu'une seule voie pour réussir : la constitution d'une compagnie puissante, fortement organisée, prenant ses éléments parmi les notabilités du pays, et fondée sur des bases financières assez larges, assez solides pour lui permettre de préparer et de mener à bonne fin l'œuvre tout entière qui serait assignée pour but à ses efforts.

On sait, en effet, qu'en matière d'intérêts généraux, les travaux publics, quand ils sont entrepris sur une grande échelle, sont plus économiquement exécutés. Or l'esprit d'association, si généralement fructueux dans les affaires industrielles, ne s'est que trop timidement dirigé, jusqu'ici, vers les améliorations agricoles ; reporté vers l'exploitation, vers la fécondation du sol, il est appelé à enfanter des prodiges.

Donc, nous proposerons, comme voies et moyens de l'application pratique de notre système, la création d'une société financière anonyme, sous ce titre : COMPAGNIE DES EAUX DE FRANCE.

Cette Compagnie serait fondée au capital social de 150 millions.

Le capital social se diviserait en 300,000 actions, de 500 fr. chacune ; la souscription en serait promptement couverte, sans nul doute, par les détenteurs de la propriété territoriale, si les formes ordinaires du crédit public n'y suffisaient pas.

Il n'y a point lieu, au surplus, de s'occuper ici de la formation même de la Compagnie ; il y serait pourvu par des dispositions et des statuts à arrêter ultérieurement.

Pour bien faire saisir l'efficacité et en même temps l'économie de notre idée, il ne nous reste qu'à ajouter certaines indications complémentaires ; elles trouveront leur place dans les trois chapitres ci-après.

CHAPITRE XIV

OPÉRATIONS DE LA COMPAGNIE PROJETÉE

Les opérations auxquelles se livrerait la *Compagnie des Eaux de France* seraient les suivantes, savoir :

1° Études préalables et rédaction de projets d'irrigations, de drainages, de dessèchements ;

2° Exécution, soit d'office, soit à forfait, au profit d'associations syndicales, de propriétaires ou de villes, et moyennant obligation de remboursement à terme, ou de paiement de redevances annuelles, des projets rendus définitifs par les approbations ou les concessions légales ;

3° Exploitation directe des canaux d'irrigation exécutés, ou mise en fermage, cession ou transport de ces canaux à des syndicats, à des associations particulières ou à des propriétaires ;

4° Construction et installation d'usines rurales destinées à être livrées à l'industrie, sur les canaux et les terrains appartenant à la Compagnie ;

5° Achat et appropriation de terrains improductifs, pour être revendus à l'état de pleine production ;

6° Rachat, exploitation, mise en fermage ou rétrocession de mines, minières ou carrières découvertes dans les terrains occupés, affouillés ou possédés par la Compagnie.

Quelques explications sont indispensables au sujet de ces opérations ; je consacrerai un paragraphe à chacune d'elles.

I

ÉTUDES ET RÉDACTION DES PROJETS

Ainsi que je le dirai plus loin (1), tous les travaux de la Compagnie des Eaux de France devraient être confiés à la direction d'ingénieurs de l'État. Le principal résultat à obtenir serait l'économie : assurément, des ingénieurs spécialistes y réussiraient mieux que ceux de leurs collègues qui n'ont à s'occuper qu'accessoirement, que transitoirement de travaux hydrauliques. L'étude des projets devrait être fondée, dans tous les cas, sur cette base essentielle.

Procédant avec des vues d'ensemble, il importerait de commencer l'application du vaste réseau d'opérations à établir, sur les points de faîte qui servent d'origine aux grands bassins fluviaux. Ceux-ci, du reste, seraient les premiers explorés. Si la plupart de nos cours d'eau ont déjà payé de plus ou moins larges tributs aux besoins agricoles, il n'en est pas moins vrai qu'il leur peut être demandé davantage : il n'est pas une seule plaine, longeant leurs rives, qui, sous le rapport des arrosages, ne laisse place à de nouvelles améliorations. Il y a là beaucoup à faire. Des intérêts de premier ordre y appellent l'activité. Ce sont les eaux courantes qui d'ordinaire, par leurs débordements périodiques, occasionnent les plus déplorables dévastations. A leur voisinage dangereux, la mise à exécution de notre système ne serait-il pas un sûr, un efficace remède ? L'éparpillement seul de l'élément destructeur en une infinité de courants et de débouchés absorbants atténuerait partout sa force, ses ravages.

(1) Chap. XV, § 1.

Après les grands bassins viendraient les vallées secondaires : toutes les eaux émergeant des plans supérieurs y seraient ramenées, pour leurs excédants du moins, et de nouveaux afflux de ressources hydrauliques y seraient ménagés, soit par des prises d'eau dans les fleuves ou rivières, soit par la déviation et le captage des nappes aquifères souterraines, soit par le creusement de réservoirs de retenue des eaux provenant des pluies, des dessèchements ou des drainages pratiqués sur les surfaces latérales. On suivrait ainsi les déclivités mêmes des terrains, de manière à utiliser, dans tout leur parcours, les eaux vives ou artificiellement conquises, depuis leurs plus grandes altitudes jusqu'à leurs embouchures.

La Compagnie devrait s'appliquer à ne point scinder, à ne point tronquer ses opérations. Quand elle aurait à porter ses investigations dans une contrée, elle ferait autant que possible étudier, d'un seul jet et d'une extrémité à l'autre, le long des cours d'eau principaux et de leurs affluents auxquels elle se proposerait de faire des emprunts ; ce ne serait qu'accidentellement, et lorsque cette résolution serait justifiée par des circonstances particulières, qu'elle s'arrêterait, avant d'avoir déterminé les bases du réseau supérieur, sur des points n'ayant pas une notable importance.

D'ailleurs, la Compagnie des Eaux de France se trouverait souvent en mesure de profiter d'études précédemment faites. Il existe un grand nombre de projets ; quelques-uns remontent à des époques éloignées. L'absence d'esprit d'initiative ou de persévérance, le défaut de capitaux ou l'impossibilité de constituer des syndicats, ou de se procurer des entrepreneurs sérieux, une cause quelconque en a entravé la réalisation. Ces projets sont immobilisés dans les cartons de l'administration, ou entre les mains des intéressés. Dans l'état présent des choses, l'avenir leur est fermé : les espérances qui y étaient attachées ont disparu ; et, qui sait? beaucoup d'entre eux peut-être, à l'heure qu'il est, sont absolument oubliés. La Compagnie les rechercherait ; elle les découvrirait sans doute. Après les avoir soumis à un examen approfondi, ne parviendrait-elle pas à en dégager les côtés pratiques des ombres où ils sont enveloppés, à les rendre à la lumière, à la vie? Combien d'idées, d'abord abandonnées, ont été reprises et ont fait leur chemin ! Et, ici, que de richesses à exhumer et à répandre parmi les populations rurales !

Il va de soi, au surplus, que les informations préliminaires sur les projets qu'elle aurait fait préparer seraient provoquées par la Compagnie, ainsi que les autorisations, approbations et concessions nécessaires.

II

EXÉCUTION DES TRAVAUX

Les projets rendus définitifs par l'accomplissement des formalités légales, la phase d'exécution serait ouverte. Pour les grands cours d'eau existants, ce qui importerait, d'abord, ce serait de déterminer, par des règlements généraux, les droits de la navigation, des usiniers et des riverains; des règlements de curage et de redressement des cours d'eau non navigables ni flottables devraient également intervenir dès le début de cette période. La Compagnie, d'accord avec les intéressés directs, ou se substituant à eux dans l'intérêt général, provoquerait, soit du gouvernement, soit des administrations locales, les dispositions nécessaires. Il serait essentiel que d'avance fussent connues les quantités d'eaux excédant les besoins déjà pourvus, afin de pouvoir les utiliser à de nouveaux usages. Les captations ou recherches de ressources hydrauliques supplémentaires s'établiraient d'après ces premières données.

Pour l'exécution des travaux, comme pour les études, les parties les plus élevées du territoire auraient la priorité. Sans parti pris comme sans préférence, la Compagnie ne s'occuperait point de l'amélioration de telle ou telle partie d'une contrée riveraine d'un cours d'eau quelconque ; elle aurait toujours en vue un résultat plus général : le perfectionnement successif de la production agricole et industrielle, sur tous les points où ce perfectionnement serait possible. Seulement, il lui serait facultatif, son action pouvant se porter à la fois dans un grand nombre de localités, de commencer par celles où s'offriraient à elle les facilités les plus certaines d'atteindre son véritable but. Ainsi, à prévisions à peu près égales de succès, elle accorderait l'exécution plus hâtive des projets là où l'État, les départements, les villes ou bien les syndicats l'avantageraient des subventions ou des conditions les plus favorables.

Et il est certain que les subsides et les encouragements ne lui feraient pas défaut ; après tout, je le dirai sans détour, ils lui seraient indispensables. En effet, la grande pierre d'achoppement à la formation des associations syndicales, avant l'accomplissement des travaux, tient sans doute pour beaucoup à l'incertitude des résultats ; elle consiste aussi dans le temps qu'il faut attendre pour retirer même l'intérêt des capitaux engagés. La Compagnie des Eaux de France se trouvera dans une situation analogue. Elle fera d'importantes avances ; quand lui seront-elles remboursées ? Évidemment, force lui sera, à elle aussi, d'ajourner ses recouvrements, non-seulement jusqu'après l'achèvement des travaux, mais, de plus, jusqu'à ce qu'elle soit parvenue ou à réunir les riverains en une association syndicale, pour lui céder les canaux qu'elle aura créés, ou à constituer une compagnie exploitante, ou à en confier la gérance à des fermiers. Les capitaux consacrés par elle à ses entreprises demeureront, tout d'abord, improductifs. Pour combler ses premiers découverts, nul autre moyen ne lui restera donc que de recourir aux subventions du gouvernement, des départements, des villes, des détenteurs mêmes des propriétés où elle portera son industrie.

En ce qui concerne l'État en particulier, il a jusqu'ici largement favorisé, en prenant à sa charge soit une partie, soit l'intégralité des dépenses, l'endiguement et les travaux de défense le long des grands cours d'eau ; son intervention a multiplié les efforts qui se sont manifestés sur les différents fleuves ou rivières les plus dangereux pour les vallées riveraines. En outre, il y a plus de vingt ans qu'il pourvoit à des frais d'études d'irrigation et de dessèchement ; la pratique du drainage a été stimulée par des mesures du même genre. Des crédits importants figurent, pour ces affectations, chaque année au budget général. De nombreuses études ont eu lieu, en divers points du territoire ; cependant, quelques rares entreprises seulement ont osé profiter des éléments mis à leur disposition. Pourquoi ? Les causes d'attardement que nous avons signalées n'agissent-elles pas ici avec toute leur puissance ? Elles seraient annihilées par la Compagnie des Eaux de France : comment l'État pourrait-il lui refuser son concours financier, lorsque surtout, appliqué à l'exécution de grands projets hydrauliques, ce concours aurait pour effet d'activer, de généraliser, de rendre certaine dans le pays la réalisation, en un temps relativement très court, d'améliorations de premier ordre et qui ont, entre toutes, constamment excité la bienveillante sollicitude des pouvoirs publics ?

Et puis, il ne faut pas l'oublier, les concessions ne seraient que temporaires ; elles seraient limitées à une durée de quatre-vingt-dix-neuf ans. Comme pour les chemins de fer, après leur expiration, la plupart des établissements créés par la Compagnie feraient retour à l'État. N'y aurait-il pas justice à ce que ce dernier contribuât à des dépenses dont il retirerait immédiatement des services importants, et dont, plus tard, les résultats lui écherraient sans partage ?...

Quant aux départements, aux villes, aux syndicats, leur participation financière aux opérations de la Compagnie des Eaux de France ne saurait, la plupart du temps, donner lieu même à de l'hésitation : leur intérêt incontestable serait de faciliter le prompt achèvement des entreprises qui les concerneraient ; s'il peut être accordé la moindre foi à l'expérience du passé, il est à croire que partout les projets conçus trouveraient leur principale garantie de succès dans l'enthousiasme public.

Leur exécution, au surplus, aurait lieu, habituellement, après accord soit avec les associations syndicales composées des propriétaires riverains, soit avec les villes qui demanderaient des distributions d'eau, soit, pour le drainage et les dessèchements, avec les intéressés. Ceux-ci ne s'obligeraient, vis-à-vis de la Compagnie, que conditionnellement : un des principaux avantages dont ils seraient appelés à jouir serait d'être soustraits aux éventualités d'insuccès qui les menacent aujourd'hui, le plus souvent. Dès que la Compagnie aurait préparé un projet, elle leur dirait : « Voici les conditions dans lesquelles vont être effec-
« tués les travaux qui vous touchent. Chaque riverain ou pos-
« sesseur d'héritage à dessécher, à drainer ou à arroser sous-
« crira l'engagement de payer annuellement, pendant quatre-
« vint-dix-neuf ans, une redevance fixe par hectare ; si vous
« consentez au rachat des canaux et accessoires, vous aurez à

« acquitter à la Compagnie, à titre de remboursement, la « somme capitale représentant le montant des frais avancés, « plus un bénéfice légitime. Mais votre engagement ne sera « valable, rien ne sera dû par vous qu'autant que les travaux « seront terminés, et que l'eau coulera dans les tranchées de « dessèchement et de drainage, ou dans les canaux et conduites « secondaires d'irrigation. »

Quels seraient les propriétaires assez inéclairés, assez inconscients de leurs intérêts, pour refuser de souscrire à des offres pareilles ?

Toutefois, et en admettant même des résistances improbables, il ne serait pas interdit à la Compagnie de procéder aux améliorations qui seraient jugées utiles. Dans ce cas, elle agirait d'office en quelque sorte, en s'appuyant, comme dans les occurrences ordinaires, des privilèges qui découleraient pour elle des concessions légales qu'elle aurait obtenues. La détermination des obligations incombant aux riverains serait seulement subordonnée à des règlements ultérieurs.

Je l'ai déjà indiqué : les travaux seraient effectués avec la plus grande économie. Solidité et célérité, telle serait la règle que s'imposerait la Compagnie. Les constructions les plus magnifiques ne sont pas les plus productives. Ici, le caractère monumental s'effacerait, pour ne faire place qu'à des nécessités impérieuses. Les travaux seraient, toutes les fois qu'il y aurait possibilité, confiés à l'entreprise ; ce ne serait que très accidentellement qu'il y serait pourvu par voie de régie.

Le coût moyen d'exécution des projets d'irrigation, de dessèchement et de drainage n'a été jusqu'ici que rarement en harmonie avec les ressources dont dispose la propriété. L'action de la Compagnie en amènerait l'abaissement, en n'employant qu'un personnel dressé soigneusement en vue de ses opérations exclusives, et un matériel qui, dès qu'il serait établi, continuerait d'être attaché aux mêmes applications, sans chômages et sans besoin de fréquents remplacements.

III

EXPLOITATION

Suivant les usages, consacrés, d'ailleurs, par les dispositions de la législation et de la jurisprudence, la Compagnie des Eaux de France aurait droit, après l'exécution de ses travaux, soit au remboursement de ses dépenses, soit au paiement de redevances annuelles, le tout calculé d'après l'estimation des plus-values acquises aux propriétés améliorées. J'expliquerai ci-après, au chapitre XVI, comment elle procèderait à cet égard : dès que serait terminé chacun de ses projets, elle s'entendrait avec les intéressés ; ceux-ci, à leur tour, seraient appelés à remplir les engagements qu'ils auraient contractés, c'est-à-dire à payer leurs redevances, ou à racheter, moyennant la capitalisation de ces redevances, les travaux dont profiteraient leurs domaines.

La Compagnie aurait la faculté d'exploiter directement, ne fût-ce que pour un temps limité, ses canaux d'irrigation ou ses entreprises de dessèchement ; naturellement, pour les drainages, ses opérations ne seraient effectuées qu'à forfait et au compte des propriétaires. Toutefois, l'exploitation directe n'aurait lieu qu'exceptionnellement ; il en serait de même de la mise en fermage des constructions hydrauliques quelconques. La cession aux riverains réunis en syndicats, ou à des compagnies spéciales, ou même à de simples particuliers, serait la règle.

Dans tous les cas, les capitaux employés aux divers genres de travaux pratiqués devraient rapporter de sûrs bénéfices : nous avons vu déjà qu'il serait à peu près impossible qu'il n'en fût pas ainsi. L'installation des drainages serait d'autant plus productive, qu'un personnel et un matériel appropriés y seraient affectés. Quant aux canaux d'arrosage ou d'assèchement, qu'ils fussent exploités, ou mis en fermage, ou vendus, on s'explique que, les évaluations des redevances, des prix d'amodiation ou de vente étant fixées, non d'après les dépenses faites, mais suivant l'augmentation de valeur ou de revenu des hectares qui y seraient soumis, les gains qui en résulteraient, accrus d'ailleurs des subventions allouées à la Compagnie, ne pourraient manquer de se traduire par des chiffres d'une véritable importance.

IV

DÉCENTRALISATION INDUSTRIELLE

Le moteur à bon marché, je l'ai montré plus haut (1), manque à l'industrie. Partout où l'eau courante s'est trouvée en assez grande abondance, pour pouvoir mettre en mouvement des agents mécaniques, elle a été utilisée. La création de nouveaux établissements hydrauliques, en des contrées qui n'en sont pas dotées, rendrait, à ce seul point de vue, de réels services ; ce qu'y gagnerait en expansion l'industrie nationale est difficile à évaluer. Beaucoup d'usines, de celles qui touchent directement à l'agriculture (filatures, forges, meuneries, papeteries, scieries, etc.), sont intéressées à pouvoir faire usage des eaux, dont l'emploi, répétons-le, ne coûte que des frais d'installation et n'entraîne que des dépenses d'entretien insignifiantes.

Il y aurait tout avantage à favoriser, à cet égard, un mouvement de décentralisation générale qui, en aidant à l'expansion de la richesse de la France, donnerait un nouvel essor à l'activité des populations rurales. La Compagnie ferait donc, à la fois, une œuvre de bien public et une spéculation lucrative, en construisant et en installant, sur les terrains ou les canaux dont elle aurait la propriété, des usines qu'elle livrerait ensuite contre remboursement de ses déboursés, augmentés d'une prime proportionnelle. Son organisation et son outillage lui permettraient, de ce chef, des économies importantes dans les dépenses d'exécution ; en en faisant profiter, dans une certaine mesure, ses cessionnaires ou adjudicataires, elle y trouverait encore de notables profits.

V

ACHAT, APPROPRIATION ET REVENTE DE TERRAINS IMPRODUCTIFS

Il n'y a pas, en France, un département où l'on ne rencontre de grandes surfaces incultes, par conséquent improductives.

---

(1) Chap. Ier, V, page 24.

Les difficultés d'exploitation s'aggravent tous les jours. Elles sont dues à cette double cause, notamment : la désertion des campagnes, et le renchérissement des prix de main-d'œuvre, qui en est le corollaire naturel. La grande et la moyenne propriétés en ressentent surtout le contre-coup. Aussi, ne pouvant maintenir leurs cultures dans un état permanent d'entretien normal, en laissent-elles peu à peu quelques portions en souffrance : c'est de la sorte que, dans diverses contrées, les friches ont envahi des domaines presque entiers, dont les revenus sont nuls ou ne se soldent que par une valeur des plus minimes.

D'un autre côté, bien des exploitations rurales renferment des terres dont la composition même paraît réfractaire à tous les travaux, à tous les soins. Pour les amender, les régénérer, il faudrait plus de ressources et plus de science que n'en possèdent généralement les tenanciers : ceux-ci, las de leurs essais, se sont découragés ; ils ont renoncé à les poursuivre, avec la conviction de leur impuissance.

La Compagnie des Eaux de France, mieux placée que qui que ce soit pour se rendre propriétaire de sols ainsi abandonnés, n'aurait pas de peine à les améliorer de manière à les mettre dans un état de fertilisation rationnelle. Elle les aurait achetés à bas prix ; en plein rapport, elle les revendrait facilement, et à des conditions qui l'indemniseraient largement de ses sacrifices.

VI

MINES, MINIÈRES ET CARRIÈRES

Le vaste développement que présenteraient les irrigations, les dessèchements et les drainages mettrait évidemment la Compagnie en mesure d'étendre à peu près partout ses investigations. Sans doute, la science géologique a déjà déterminé, d'après les traces constatées des convulsions successives du globe, les principales divisions des terrains qui forment la croûte terrestre ; mais la géologie, ne l'oublions pas, est une science toute expérimentale ; ses déductions peuvent journellement se modifier, sous l'influence de faits nouveaux. Or il est une chose certaine : c'est que la France n'a pas été, jusqu'ici, l'objet d'observations suffisamment détaillées, précises, à l'endroit de chaque localité, de chaque point spécial du territoire, pour qu'il y ait lieu de penser que la géologie a dit son dernier mot. Il n'y a pas la moindre hétérodoxie, en effet, à avancer que, parmi les bouleversements qui, aux divers âges, ont soulevé ou affaissé le sol, quelques-uns ont pu agir sur sa texture, sur le mode d'émission des stratifications sous-jacentes, dans des conditions imprévues, d'après du moins les apparences superficielles.

Ce n'est donc que par des explorations intérieures et profondes, qu'il sera donné à la science d'obtenir des certitudes propres à confirmer ou à rectifier quelques-unes de ses hypothèses ou de ses affirmations.

Dans le même ordre d'idées, il est au moins supposable que de nombreuses mines, minières et carrières de toute sorte existent en des gisements inconnus, plus ou moins près de la surface du globe. Ils n'ont pas encore été découverts. N'est-il pas naturel d'espérer que le creusement, que l'affouillement des terrains en vue des canalisations ou des bassins de retenue, que les forages pratiqués les mettraient en lumière ? Dans ce cas, quelle source assurée de bénéfices pour l'industrie et pour la Compagnie elle-même ! Celle-ci n'aurait qu'à se pourvoir de la concession administrative, sauf rachat des sols occupés ou paiement des redevances réglementaires. Elle pourrait, à son gré, ou exploiter directement, ou amodier, ou rétrocéder les établissements dont elle serait en possession.

CHAPITRE XV

ADMINISTRATION

La nécessité, pour la Compagnie des Eaux de France, de faire procéder elle-même aux études et rédactions des projets, et d'en diriger toutes les parties de l'exécution, impliquerait forcément l'obligation d'organiser un personnel stable et permanent. Cette création constituerait, nous l'avons indiqué plus haut, l'un des principaux avantages réservés, par notre système, aux intérêts qu'il a pour but de servir. Toute son efficacité, en effet, dépend de la simplicité des moyens à mettre en jeu, d'où seulement peut naître l'économie. Or l'économie s'obtient, surtout dans les grands travaux publics, par l'emploi d'hommes fortement engagés, en raison de leur position même, à se montrer ménagers des ressources dont ils sont les dispensateurs.

On sait avec quelle largesse, avec quelle magnificence il est pourvu aux travaux d'utilité générale ordonnés par l'État. Si l'on rapproche des sommes dont ils règlent les dépenses la situation personnelle faite aux chefs des services de ce qu'on pourrait appeler le génie civil, on ne saurait s'empêcher de la trouver relativement modeste ; ces hommes si utiles n'occupent certes pas, dans l'échelle hiérarchique du pouvoir, le rang que sembleraient comporter leur valeur et l'importance véritable du rôle qui leur est dévolu. Faut-il s'étonner, dès lors, si, pour arriver plus tôt au faîte de leur carrière, ils cherchent à se faire remarquer, à se mettre en relief par les conceptions grandioses auxquelles les incite la préoccupation de leur propre gloire et de celle de leur pays ? L'État, après tout, n'a pas à être parcimonieux. L'industrie privée, sous ce rapport, est placée dans des conditions tout autres : elle est constamment forcée d'opposer un frein à toute tendance de dépenses exagérées ; pour elle l'intérêt, disons-le tout de suite, est le meilleur régulateur des plus séduisants entraînements.

La Compagnie des Eaux de France organiserait son personnel d'après ces derniers principes. A sa tête seraient placés des ingénieurs de l'État rémunérés largement, sûrs de leur avenir, et dont la position financière s'étendrait en raison même des bénéfices réalisés. Choisis parmi les anciens élèves de l'école impériale des ponts-et-chaussées, ou de celle des mines, ces ingénieurs seraient attachés à la Compagnie, au même titre que l'ont été aux administrations des chemins de fer les hommes dévoués auxquels est dû l'admirable réseau de nos voies rapides. La Compagnie rechercherait préférablement le concours de ceux d'entre eux qui se sont le plus distingués dans la science hydraulique. Leur expérience offrirait à tous les garanties les plus précieuses. Les intérêts généraux ne pourraient être mieux placés qu'entre leurs mains.

Ainsi, les projets, études et exécution, seraient centralisés par plusieurs ingénieurs en chef, trois par exemple, ayant chacun sa sphère d'action, limitée à une zone déterminée. Chaque circonscription serait établie après une enquête générale; les départements qui en dépendraient seraient à la désignation du conseil d'administration. Les agents du personnel en sous-ordre, ingénieurs ordinaires, conducteurs, inspecteurs, surveillants, seraient proposés par les ingénieurs en chef, sur les avis desquels la Compagnie règlerait, d'ailleurs, la formation des cadres, les ordres généraux de service, les constatations de travaux, les mesures de discipline; en un mot, les diverses bases du service.

La Compagnie, enfin, aurait recours, en dehors de ses cadres propres, à un personnel spécial dont elle exigerait les mêmes garanties : avec des ingénieurs habiles, elle aurait bientôt trouvé des entrepreneurs et des ouvriers capables, et dont la coopération aiderait à la parfaite édification de son œuvre.

CHAPITRE XVI

SERVICE FINANCIER

Pour que la Compagnie des Eaux de France fût en mesure de remplir entièrement son but, il faudrait qu'elle pût continuer, sans interruption, d'entreprendre l'étude et l'exécution de nouveaux travaux.

Le moyen en serait simple. Ainsi que je l'ai déjà indiqué au § III du chapitre XIV ci-dessus, au fur et à mesure qu'un ouvrage d'ensemble serait terminé, elle s'occuperait de provoquer des riverains le rachat et le remboursement des travaux qu'elle aurait livrés ; s'il n'était pas possible d'y réussir, la Compagnie les céderait, soit à des sociétés particulières, soit à une portion des intéressés, soit même à de simples entreprises industrielles offrant des garanties convenables. Le rachat ou la cession effectué, la portion du capital engagée redeviendrait libre : elle serait reportée à d'autres projets.

Il est clair que, de cette façon, un capital de 150 millions, tout peu considérable qu'il soit si on le rapproche de la multiplicité, de l'importance, de la permanence des opérations de la Compagnie, suffirait à faire face à toutes les exigences. En supposant 11 millions d'hectares à arroser, 5 millions d'hectares à drainer ou à assainir, ces opérations pourraient s'appliquer à une superficie de 16 millions d'hectares ; calculées d'après une moyenne de 300 fr. de frais par hectare, les sommes à dépenser atteindraient 4 milliards 800 millions de francs. Ce chiffre énorme serait couvert par l'emploi et la reconstitution consécutifs d'une première mise de 150 millions seulement : le capital social, dans l'espèce, serait comme une sorte de fonds de roulement intarissable. Il n'y aurait sans doute pas lieu de l'augmenter, si ce n'est par voie de création et d'entretien d'une réserve à prélever sur les bonifications annuelles, jusqu'à concurrence d'une quotité à fixer, en vue de pourvoir aux éventualités ; les excédants, provenant tant des subventions obtenues que de la différence entre le prix réel des travaux exécutés et le prix de cession ou de vente, seraient, déduction faite des frais généraux, des intérêts, etc., répartis entre les actionnaires, au prorata de leurs apports, et formeraient les dividendes.

Est-il nécessaire, afin de justifier l'organisation de la Compagnie proposée, d'établir moins compendieusement que nous ne l'avons fait, c'est-à-dire en chiffres précis, détaillés, les produits nets qui reviendraient aux capitalistes assez confiants pour apporter une partie de leurs ressources à l'association ? Qui ne sait que, dans les grands travaux, là où les intérêts publics trouvent un avantage, les intérêts privés ne sauraient péricliter? N'avons-nous pas, autour de nous, des milliers d'exemples ? Pour nous renfermer dans la spécialité, on ne nous citera pas une seule entreprise d'irrigation, de drainage ou de dessèchement qui, menée à bonne fin et ne portant même que sur des surfaces modestes, n'ait largement rémunéré ses auteurs. La Compagnie des Eaux de France, à raison de la variété et de l'étendue des améliorations qu'elle aurait pour mission de faire pénétrer à peu près dans toutes les contrées d'une nation, ne se trouverait-elle pas dans des conditions particulièrement favorables ? Faisons même, par prudence, la part d'insuccès locaux improbables ; ce qu'elle perdrait sur un point, ne le regagnerait-elle pas sur un autre ? N'y aurait-il pas toujours, à son profit, des compensations, impossibles avec toute action isolée et restreinte ?

Insister serait superflu ; nous nous en abstiendrons.

CONCLUSIONS

Les pages qu'on vient de lire ont eu pour objectif la démonstration des moyens de régénérer la production agricole et industrielle, et d'assurer ainsi la prompte réalisation des nouveaux progrès que sollicite la situation économique de la France. Si notre insuffisance n'a pas trahi notre intention, les conséquences du système exposé doivent s'en dégager d'elles-mêmes. Elles apparaissent nettement à nos yeux; nous croirions oiseux, puéril de les faire suivre de réflexions ou de commentaires qui, certainement, n'ajouteraient rien à leur évidence. Or, ces conséquences, d'après nous, les voici :

Substituer l'esprit d'initiative à l'esprit de routine et d'inertie ;

Donner une expansion nouvelle à la valeur immobilière, en appelant la propriété et l'industrie rurales dans les voies d'une activité plus féconde, d'un mouvement ascensionnel plus prononcé, en favorisant la fertilisation rationnelle par les cultures améliorantes ;

Augmenter, dans des proportions considérables, le revenu

net de la terre, tout en diminuant les frais généraux d'exploitation ;

Attirer les capitaux vers l'agriculture, comme vers le commerce et l'industrie;

Faire de la France, au lieu d'une tributaire, un vaste marché d'approvisionnement, et prévenir ainsi toutes nouvelles crises alimentaires ou financières ;

Atténuer les effets de la désertion rurale en accélérant l'accroissement spécifique de la population ;

Élargir les horizons de la science, aux points de vue de l'hydraulique, de la géologie ;

Circonscrire, par une meilleure répartition des eaux, les éventualités et du même coup les désastres tant des sécheresses que des inondations;

Renfermer dans un cycle de vingt ans, de quinze ans peut-être, des améliorations qui, abandonnées aux efforts individuels ou aux associations locales, ne seraient pas réalisables en plusieurs siècles....

En d'autres termes, plus concrets :

Restreindre les cultures céréales, pour y substituer des prairies : moins de travail pour plus de production ;

Vulgariser l'élève du bétail et agrandir les ressources en engrais ;

Introduire une meilleure, plus saine et plus forte alimentation dans les familles laborieuses ;

Mettre à jour de nouvelles richesses minéralogiques ;

Servir pratiquement tous les intérêts généraux ;

Répandre partout l'aisance et le bien-être....

N'est-ce pas là transformer radicalement la situation économique, par la solution des diverses propositions formulées dans la Ire partie de ce travail ? N'est-ce pas résoudre, en même temps, ce problème, si souvent posé jusqu'ici, et toujours vainement :

La Vie a bon marché !

La Vie à bon marché !... c'est-à-dire l'accession de toutes les classes, sans exception, aux bienfaits résultant de l'expansion indéfinie de la prospérité publique et du perfectionnement moral et matériel des conditions où se meut la société, — tel est le but final, le couronnement économique de notre système.

Nous avons dit que, durant les vingt ou trente dernières années, le pays tout entier a réclamé, par ses mandataires, que les intérêts agricoles fussent mieux desservis, en ce qui concerne notamment le régime public des eaux. Qu'a-t-il été fait ? Bien peu, assurément, en raison des ressources qui auraient pu être utilisées. Ces vingt ou trente ans, il est presque permis de dire qu'ils ont été perdus. Que n'eût-il pas été obtenu, pendant cet intervalle, si la généralisation des irrigations, du drainage et des dessèchements eût été mise en application? La nation, à cette heure, aurait au moins doublé ses forces productives. D'immenses contrées, où la stagnation ou le manque des eaux est un obstacle à tout avancement de la fortune agricole, se trouveraient portées au *summum* de fertilité. On verrait les effets de cette puissance de fécondation, qui « tient pour ainsi dire de la magie, et en vertu de laquelle, par un miracle tous les jours se répétant, la végétation la plus luxuriante remplace l'aridité, et de vertes prairies recouvrent un sol auparavant semé de cailloux ; » on saurait « comment il se fait que quelques années seulement suffisent pour que le sol le plus improductif soit transformé en un champ de verdure (1). » La fortune générale en aurait reçu un accroissement dont l'influence aurait réagi sur l'élévation même du niveau de l'intelligence et de la moralité des populations.

Mais soyons juste pour le passé. Il a accompli, dans ce grand œuvre, toute la part compatible avec les forces dont il disposait. Il eût pu faire moins ; il lui était interdit de tenter davantage. Le jour d'une solution plus radicale n'était pas encore venu.

Le réseau des voies ferrées, dont notre système nous semble appelé à devenir le complément indispensable, avait besoin de s'étendre, de se développer : l'exubérance de la production eût été moins un bien qu'un embarras, avec la pénurie des moyens d'écoulement ; les facilités des transactions sont le préliminaire obligé des vastes commerces.

Il manquait aussi un travail, désormais acquis et peu connu pourtant, si ce n'est dans le monde de la science. Le célèbre

---

(1) Conseil général des Bouches-du-Rhône, diverses délibérations.

et modeste ingénieur qui peut, à bon droit, être regardé comme l'un des promoteurs du canal de Suez (1), n'avait pas mis au jour son nivellement général de haute précision pour l'ensemble de la France. Cette opération, qui embrasse déjà 14,965 kilomètres de nivellements principaux exécutés, sera terminée ; la Compagnie des Eaux de France serait en état d'y puiser, dès ses débuts, de précieuses lumières.

Enfin, l'agriculture française n'avait jamais fait entendre des plaintes, des doléances aussi vives ; son état de gêne, de souffrance, que, pour notre compte, nous ne saurions attribuer aux causes qu'elle lui assigne, ne s'était jamais affirmé dans des conditions également propres à justifier la nécessité de changements salutaires. L'enquête demandée est ouverte ; quelle sera sa réponse? Il semble qu'elle peut être prévue d'avance. Elle révèlera certainement la justification complète d'un mal évident, qui contraste avec les autres aspects de la situation économique. La régénération de la culture par les eaux, telle que nous la proposons, n'y serait-elle pas le meilleur, sinon l'unique remède?

Tout confirme donc, aujourd'hui, l'opportunité de moyens d'action qui ouvriraient à la production générale de magnifiques perspectives. Aussi la célérité, dans cette question, est-elle d'une importance capitale. Pourquoi laisser à un avenir lointain le soin de provoquer de nouveaux progrès dont le présent, ou tout au moins un avenir peu éloigné, peut retirer d'immenses bénéfices? Chaque heure a sa tâche. D'autres problèmes plus tard surgiront. N'abandonnons que ceux dont il ne nous est pas encore permis de sonder à fond les arcanes.

Aucune œuvre humaine, sans doute, ne s'accomplit sans difficultés; elles s'accumulent quelquefois en raison de la hauteur du but à atteindre. Nous ne l'ignorons pas; mais nous savons aussi que, dans un grand pays comme la France, il n'est pas d'entreprise, si gigantesque qu'elle soit, dont ne puissent venir à bout l'intelligence, la volonté, la persévérance.

A tous les hommes dévoués aux intérêts généraux incombe le

---

(1) M. Bourdaloue, auteur du nivellement de l'isthme de Suez, qui a démontré la possibilité pratique de la communication des deux mers.

devoir d'aider, chacun dans la mesure de ses forces, à l'extension de l'activité et de la production nationales. D'immenses ressources sont enfouies dans le sol; rendons-nous en maîtres, et ne craignons pas, en leur demandant tout ce qu'elles peuvent donner, de les épuiser jamais. Le mouvement et le progrès sont deux lois auxquelles est soumise l'humanité. Ainsi que l'a dit un orateur: « Le travail et la science sont désormais les maîtres du monde. » L'homme cherche, et la Providence met tous les jours de nouveaux leviers dans ses mains.

FIN.

TABLE

www.ingramcontent.com/pod-product-compliance
Ingram Content Group UK Ltd.
Pitfield, Milton Keynes, MK11 3LW, UK
UKHW020939180726
13838UKWH00003B/1035